Fertigung und Betrieb
Fachbücher für Praxis und Studium
Herausgeber: H. Determann und W. Malmberg
Band 12

Heinrich Martin

Materialfluß- und Lagerplanung

Planungstechnische Grundlagen, Materialflußsysteme, Lager- und Verteilsysteme

Mit 47 Bildern und 21 Tabellen

Springer-Verlag Berlin Heidelberg GmbH

1979

Herausgeber der Reihe:
Dr.-Ing. Hermann Determann, Hamburg
Dipl.-Ing. Werner Malmberg, Hamburg

Autor dieses Bandes:
Dipl.-Ing. Heinrich Martin, Hamburg

CIP-Kurztitelaufnahme der Deutschen Bibliothek
Martin, Heinrich:
Materialfluß- und Lagerplanung: planungstechn. Grundlagen, Materialflußsysteme, Lager- u. Verteilsysteme / H. Martin. — Berlin, Heidelberg, New York: Springer, 1979.
(Fertigung und Betrieb, Bd. 12)

ISBN 978-3-540-09368-8   ISBN 978-3-662-12427-7 (eBook)
DOI 10.1007/978-3-662-12427-7

Ursprünglich erschienen bei Springer-Verlag Berlin Heidelberg New York 1979.

Bindearbeiten: K. Triltsch, Würzburg
2362/3020-543210

Zu dieser Fachbuchreihe

In den letzten beiden Jahrzehnten hat sich die Fertigungstechnik schnell und vielseitig weiterentwickelt. Moderne Fertigungsverfahren haben entscheidend dazu beigetragen, daß selbst hochwertige Wirtschaftsgüter kostengünstig hergestellt werden können und damit für breite Käuferschichten erreichbar sind. Dieser hohe Entwicklungsstand muß auch unter den erschwerenden Bedingungen erhalten bleiben, die durch die aktuellen Probleme der Energieversorgung auf uns zugekommen sind, wenn unser aller Lebensstandard nicht absinken soll.

Hierzu beizutragen, ist Hauptaufgabe von „Fertigung und Betrieb". Die Bände dieser Buchreihe werden den im Betrieb tätigen Ingenieuren und Technikern sowie Studierenden des Maschinenbaus und der Fertigungstechnik, aber auch angrenzender Fachgebiete den Einblick in das gesamte Betriebsgeschehen erleichtern. Sie sollen helfen, Werkstoffe, Betriebsmittel und Energien optimal einzusetzen und die Produktionssysteme möglichst flexibel zu gestalten, um sie wechselnden Verhältnissen leicht anpassen zu können. Sie gestatten es also, gerade das Fachwissen zu vertiefen oder neu zu erschließen, welches eine der Voraussetzungen für die Absatzfähigkeit unserer Industrieerzeugnisse trotz laufender Kostensteigerungen ist. Ohne ausreichende fachliche Kenntnisse kann niemand wirtschaftlich fertigen und Qualität sichern!

Die thematischen Schwerpunkte der Buchreihe orientieren sich an den Bedürfnissen von Beruf und Studium. Die Darstellungen sind kurzgefaßt, ohne große Vorkenntnisse verständlich und betont praxisnah. Sie berücksichtigen den neuesten Stand der Technik und enthalten Hinweise für ein vertiefendes Weiterstudium.

Hamburg, Juli 1979 **H. Determann · W. Malmberg**

Vorwort

Die stürmische Entwicklung der letzten 15 Jahre sowohl im Materialfluß- wie auch im Lagerbereich wurde herbeigeführt durch die Forderung, das Betriebsergebnis durch Wirtschaftlichkeitsüberlegungen zu verbessern, Arbeitskräfte durch Rationalisierung einzusparen. Betriebs- und Fertigungsingenieure in Klein- und Mittelbetrieben werden sich daher in zunehmendem Maße neben ihrer Tätigkeit mit Planungsaufgaben im Materialfluß- und Lagerbereich beschäftigen müssen. Obwohl es umfangreiche Literatur auf diesem Gebiet gibt, fehlt doch eine Grundinformation über das methodische Vorgehen bei der Lösung von Planungsproblemen.

Mit dem vorliegenden Buch soll erreicht werden, daß sowohl Ingenieure als auch Studenten durch eine Fülle von Fakten, vor allem durch das Erkennen von Zusammenhängen und durch das Aneignen von Grundlagen in die Lage versetzt werden, eine wirtschaftliche Lösung bei anstehenden Materialfluß- oder Lagerplanungsaufgaben aufgrund systematischer Vorgehensweise zu erarbeiten.

Den im Quellennachweis genannten Firmen möchte ich für ihre Unterstützung mit Informationsmaterial herzlich danken. Kritische Anregungen nehmen Verlag und Verfasser jederzeit dankend entgegen.

Hamburg, im Juli 1979 **H. Martin**

Inhaltsverzeichnis

1 Planungstechnische Grundlagen

1.1 Einführung

1.1.1 Allgemeines

In den vergangenen 10 Jahren wurde der Mechanisierungs- und Automatisierungsgrad im Materialfluß- und Lagerbereich in fast allen Industrieunternehmen erheblich verbessert, oder, anders ausgedrückt, es wurden hohe Investitionen in Form von kostspieligen Anlagen für Transport- und Lagersysteme getätigt. Damit aber diese auf lange Sicht festgelegten Investitionen technisch richtig, wirtschaftlich vertretbar, zweckentsprechend, funktionell und organisatorisch sinnvoll eingesetzt werden, sind umfangreiche Planungen erforderlich.

Durch die Verknappung von Gütern, Kapazitäten und Raum müssen diese rationell genutzt werden. Dies gilt auch für Personal, Kapital, Rohstoffe und Zeit. Daraus folgt ein gezielter Einsatz dieser Größen, was nur durch Planung erreicht werden kann.

Jede Art von Überlegungen — basierend auf den durch die Firmenpolitik vorgegebenen Zielvorstellungen —, die zukünftigen Betriebsabläufe zu verändern, bezeichnet man als Planung. Eine Planung will einmal Fehlinvestitionen vermeiden, zum anderen die Zukunft aktiv beeinflussen; sie muß daher dynamisch, flexibel und anpassungsfähig sein. Ganzheitliche Planungen lassen sich in Teilplanungen aufgliedern.

Jede Planungsaufgabe hat zum Ergebnis mehrere alternative Lösungen. Analysiert man den Planungsablauf, so ist festzustellen, daß mit Ergebnisdaten als Eingangsgrößen erneut geplant werden muß. Es handelt sich also bei einer Planung um einen Iterationsprozeß, der solange wiederholt wird, bis entweder die geforderte Genauigkeit erreicht ist oder aus zeitlichen bzw. wirtschaftlichen Gründen abgebrochen werden muß (Bild 1.1).

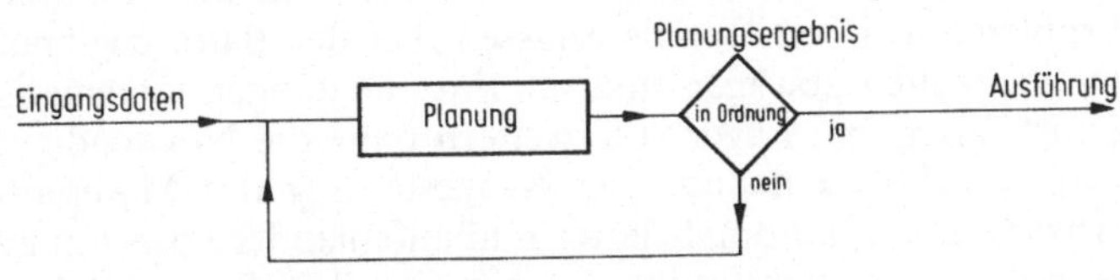

Bild 1.1. Die Planung als Iterationsprozeß

1.1.2 Planungsursachen

Auslösende Momente, Anstöße oder Ursachen für eine Materialfluß- oder Lagerplanung sind Neubau-, Erweiterungs-, Sanierungs- und Rationalisierungsmaßnahmen. Spezielle Ursachen, die zu einer Untersuchung und Beurteilung der vorhandenen Verhältnisse zwingen und eine Planung notwendig erscheinen lassen sind:

— Hohe Transport- und Lagerkosten;
— veraltete Transport- und Lagertechnik;
— unübersichtliche Verhältnisse;
— Unfälle, Ausfälle, Störungen, Verstopfungen;
— Engpässe, Schäden, Ausschuß;
— geringe Auslastung der Transportmittel;
— neue Sicherheitsbestimmungen;
— Erhöhen der Produktionsmenge, Erweitern oder Verkleinern des Sortimentes;
— große Lagerbestände, hohe Durchlaufzeiten;
— aufwendige Organisation, hohe Personalkosten;
— Einsparen von Miet-, Lager- oder Bereitstellungsfläche;
— Verbessern des Mechanisierungs- und Automatisierungsgrades;
— ungünstige Zuordnung der einzelnen Abteilungen.

So lassen sich z. B. durch Verbesserung des Materialflusses, der Organisation, der Auslastung von Transportmitteln oder der Lagertechnik Erweiterungsbauten einsparen, angemietete Räume auflösen, das Verhältnis von Fertigungszeit zu Durchlaufzeit verkleinern oder die Transport- und Lagerkosten verringern.

1.1.3 Planungsgrößen, Einflußfaktoren

Die Aufgabe der Fabrikplanung besteht in der Gestaltung der Betriebssysteme, der Betriebsstrukturen und des Betriebsablaufes unter Beachtung ihrer technischen, wirtschaftlichen und organisatorischen Abhängigkeiten. Zur Fabrikplanung zählen auch die Teilplanungen für den Materialfluß und das Lagersystem, die aber nicht losgelöst, sondern integriert im Rahmen des Gesamtbetriebes zu sehen und zu planen sind. Eine Planung kann nicht irgendwo auf dem Weg zur Lösung beginnen, sie muß sich nach den Zielsetzungen richten, die Zuordnungen und den Standort beachten, die Probleme in ihren Details erfassen, bei der Basis beginnen, die Lösungsmöglichkeiten abwägen und die Entscheidungen systematisch vorbereiten. Es ist falsch, ein Lager zu erweitern ohne die Notwendigkeit der Erweiterung geprüft zu haben. Die Neugestaltung des Materialflusses in einem Betrieb mittels automatisierter und aufeinander abgestimmter Fördermittel ist nur dann gerechtfertigt, wenn zuvor über die ermittelten Basisdaten die Wirtschaftlichkeit dieser Maßnahmen erbracht worden ist.

Der Begriff „Planung“ ist nicht nur vielschichtig, sondern auch mehrdeutig. Seine Aussagegenauigkeit, seine Verbindlichkeit und Umfang sind vor einer Planung genau zu definieren. So differenziert man besser die Aufgabenstellung durch Begriffe wie Beratung, Stellungnahmen, Gutachten, Untersuchung, Studie, Ausführung.

Aufgaben der Materialflußplanung sind zu sehen in der Optimierung der Anordnungen von Abteilungen, Einrichtungen und Arbeitsplätzen, in der Auswahl von Transportsystemen, im Bestimmen der Förder- und Handhabungstechniken.

Die Lagerplanung beschäftigt sich mit der Konzipierung des Gesamtbereiches „Lager“, der Festlegung der Gebäudearten, der Projektierung und Auswahl von Lagersystemen, der Planung von Ein- und Auslagerungssystemen, der Bildung von Lagereinheiten und der Erarbeitung von Kommissioniersystemen.

Das Planungsergebnis ist eine Funktion des Aufwandes an Personal, Zeit und Geld, d. h. je besser, je genauer eine Planung ist, um so höhere Kosten fallen an. Es ist also aus wirtschaftlichen Gründen nicht sinnvoll, ein absolutes Planungsoptimum anzustreben. Man kann davon ausgehen, daß es zwischen dem Planungsaufwand und der Güte der Planungsergebnisse ein Minimum an planungsabhängigen Kosten gibt (Unter- und Überplanung).

Vor einer Planung ist zu klären, mit welcher Genauigkeit sie durchzuführen ist. So ist es zwecklos, die Planungsdaten bis zwei Stellen hinter dem Komma aufzunehmen, wenn die auf die Zukunft hin projizierten Daten mit $\pm 5\%$ geschätzt werden. Um die Planungskosten für eine Planungsaufgabe im voraus kalkulieren zu können, muß ausgegangen werden von

— dem Umfang;
— der geforderten Genauigkeit;
— der zur Verfügung stehenden Planungszeit;
— den qualitativ und quantitativ vorhandenen Unterlagen;
— der Güte der formulierten Planungsaufgabe.

Lassen sich alle diese Faktoren abschätzen, so können über den erforderlichen Personaleinsatz und mit Hilfe von Gemeinkostenzuschlägen (Raum- und Sachkosten) die Planungskosten ermittelt werden. In Relation zu den Investitionskosten liegen die Kosten für die Vorstudie (Abschnitt 1.6.2) in der Größenordnung von 0,5 bis 1,0%, für die Systemplanung (Abschnitt 1.6.3) bei 4 bis 6% und für die Ausführung (Abschnitt 1.6.4) etwa bei 5 bis 7%.

Bei jeder Planung gibt es Einflußgrößen, die sich auf das Lösungsergebnis mehr oder weniger auswirken. Diese Faktoren, die sowohl firmenseitig als auch vom Gesetzgeber kommen, sind zu sehen in

— der Firmenpolitik, den Firmenbeteiligungen;
— den gesetzlichen und behördlichen Auflagen und Vorschriften;
— der Zielsetzung der Planung mit gegebenen Prioritäten;

— den vorgegebenen Randbedingungen und Beschränkungen räumlicher, fertigungs-, förder- und lagertechnischer Art;
— einer zentralen oder dezentralen Organisation und Disposition;
— der Qualifikation des Personals;
— den spezifischen Größen des Materialfluß- und Lagerbereiches.

1.1.4 Gesetze, Vorschriften

Ob sinnvoll oder nicht, Vorschriften, Richtlinien, behördliche Auflagen usw. engen die Planung und Ausführung, die Organisation und die Steuerung, die Gestaltung des Materialflusses oder des Lagersystems ein und besitzen damit einen großen Einfluß auf die Lösung einer Planungsaufgabe. Jedem Planer wird empfohlen, sich gründlich mit diesen Dingen zu beschäftigen, damit eine Planung nicht zur Fehlplanung wird. Besonders die Einführung neuer Lagerungssysteme und -techniken (Hochregallager) war in den vergangenen Jahren mit zahlreichen behördlichen Auflagen verbunden. Möglichst frühzeitige Kontaktaufnahme mit der zuständigen Baubehörde oder den Gewerbeaufsichtsämtern lassen auftretende Schwierigkeiten beim Genehmigungsverfahren deutlich werden, so daß sie schnell beseitigt werden können. Da die gesetzlichen Vorschriften und Auflagen nicht nur sehr umfangreich sind, sondern auch regionale Unterschiede aufweisen, soll hier nur ein Auszug und Überblick gegeben werden.

Für den Lagerbereich gelten u. a. zum Schutz des *Menschen*:
— Arbeitsstättenverordnung, Arbeitsstättenrichtlinien;
— Betriebsverfassungsgesetz (§ 92);
— Aufzugsverordnungen für Lasten;
— VDE-Vorschriften, DIN-Normen;
— Unfallverhütungsvorschriften;
— Verordnung zur Bekämpfung des Lärms.

Vorschriften zum Schutz der *Objekte* sind:
— DIN 1988 Löschwasserleitungen;
— DIN 3564 Empfehlungen für Brandschutz in Hochregallagern;
— DIN 14090 Flächen für die Feuerwehr;
— DIN 14675 Feuermeldeanlagen;
— DIN 18081/82 Feuerbeständige Türen;
— DIN 18090/91 Feuerwiderstandsklassen;
— DIN 66081 Brennklassen;
— Brandschutztechnische Installationsregeln für die Lüftung;
— Vorschriften des Verbandes der Sachversicherer.

Vorschriften zum Schutz der *Umwelt* sind:
— Immissionsschutzgesetz;
— Landschaftsschutz, Wasserhaushaltungsgesetz;
— Reinhaltung der Luft und Abwehr von Emissionen;
— Verordnung zur Bekämpfung des Lärms.

1.2 Planungshilfsmittel

1.2.1 Allgemeines

Zum „Handwerkzeug" eines fachkundigen Planers gehört heute eine ganze Reihe von Hilfsmittel im Koordinations-, Informations- und Entscheidungsbereich. Obwohl jede Lager- oder Materialflußplanung aufgrund von Randbedingungen, Zielsetzungen und Gegebenheiten jeweils mehrere und andere Lösungen ergibt, kann *kein* Kochrezept für die Lösungsfindung gegeben werden. Man hat aber versucht, Wiederholungsarbeiten weitgehend durch Standardisierung und methodisches Vorgehen zu rationalisieren.

1.2.2 Koordinationsmittel

Zu den Koordinationsmitteln zählen Planungsteam, Netzplan, Balkendiagramm, Projektbuch, Aktenordnung, Aktennotizen.

Eine Materialfluß- oder Lagerplanung kann je nach Umfang und Aufgabenstellung durch betriebseigene Mitarbeiter oder durch ein Planungsunternehmen (externe Berater) durchgeführt werden. Entweder wird die Planung bearbeitet von Betriebsangehörigen, die dies neben ihrer Tätigkeit tun, oder von einer betriebseigenen Planungsgruppe. Planungsunternehmen können unabhängig, also ohne jegliches Lieferinteresse und Bindung an ein Unternehmen sein, oder sie sind spezielle Büros der Hersteller von Förder-, Verteil- und Lageranlagen. Vor einer Planung ist daher die Zusammensetzung des *Planungsteams* festzulegen, denn nach wie vor ist eine gut funktionierende Arbeitsgruppe das wichtigste „Koordinationsmittel". Die betriebliche Seite muß einen entscheidungsfreudigen und entscheidungsbefugten Vertreter benennen, die externe Gruppe einen verantwortlichen Projektleiter. Planungsunternehmen können an Vorzügen bieten:

— an Teamarbeit gewöhnte Mitarbeiter;
— Spezialkenntnisse der Planer;
— Erfahrungen aus vielen Projekten jeglicher Art und Branche;
— erprobtes und bewährtes Vorgehen beim Planungsablauf;
— kurze Termine durch Einsatz mehrerer Planer;
— absehbare Kosten bei Festpreishonorar;
— bewährte Planungshilfs- und Organisationsmittel.

Führt ein Industriebetrieb die Planung durch eigene Mitarbeiter aus, so werden die nicht unerheblichen Honorare teilweise eingespart. Der oft angeführte Vorteil der exakten Kenntnis des eigenen Betriebes ist bei der Einrichtungsplanung von großer, sonst nur von untergeordneter Bedeutung. Als eindeutige Nachteile einer eigenen Planung sind anzusehen:

— Überlastung des für die Planung zuständigen Ingenieurs;
— geringe theoretische Kenntnisse und praktische Erfahrungen auf dem Planungsgebiet;
— falsches Abschätzen des Planungsaufwandes führt zu Unter- oder Überplanung;

— Schwierigkeiten bei der Beschaffung von Daten und Unterlagen im eigenen Betrieb, Betriebsblindheit, Abteilungsdenken;
— fehlendes übergeordnetes und abstraktes Systemdenken;
— eigene Vorschläge zählen bei der Geschäftsleitung weniger als gleiche Aussagen von Fremdplanern.

Die Anforderungen an das Mitglied einer Planungsgruppe liegen in
— der Bereitschaft zu kooperativer Planung und zur Teamarbeit;
— dem verlangten „Standvermögen";
— Fähigkeit zu kritisieren und Kritik zu ertragen;
— der Erfahrung und der Geschicklichkeit im Umgang mit Menschen, Kontaktfreudigkeit;
— seiner Lern- und Lehrbereitschaft, seinem Fachwissen;
— selbständigem Arbeiten, systematisches und analytisches Denken, Kreativität.

Lager- und Materialflußprobleme betreffen immer mehrere Abteilungen eines Betriebes (Schnittflächen-Problem), sie sollten daher von einem Planungsteam bearbeitet werden.

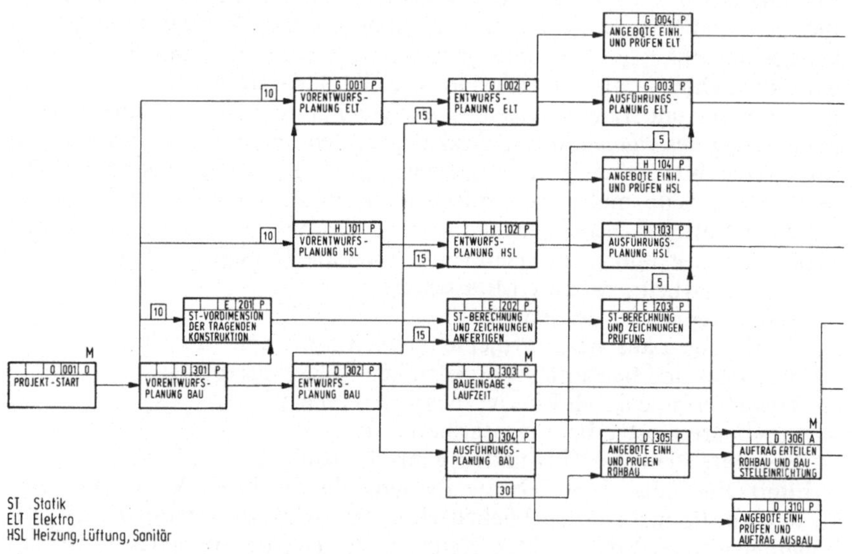

Bild 1.2. Netzplan eines Planungsablaufes (Ausschnitt)

Die *Netzplantechnik* ist ein wichtiges Koordinationsmittel und dient der Ablauf- und Terminplanung komplexer Projekte. Der Formalismus der Netzpläne zwingt zum gründlichen Durchdenken des Projektablaufes und zur sorgfältigen Planung, wodurch die Möglichkeit erheblich eingeschränkt wird, daß wichtige Tätigkeiten bei der Planung vergessen und wesentliche Abhängigkeiten nicht erkannt werden (Bild 1.2). Handelt es sich um überschaubare Planungen, so bedeuten Netzpläne viel Arbeit, sind teuer und stehen im schlechten Verhältnis zum Nutzen. Außerdem müssen Zahl und Inhalt der einzelnen Vorgehensschritte sowie deren gegenseitige Abhängigkeiten genau bekannt sein.

Es ist vor einer Planung zu prüfen, ob sich die Zeit-, Ablauf- und Aufgabenplanung mittels eines Netzplanes lohnt oder ob ein *Balkendiagramm* mit geringerem Aufwand vorzuziehen ist. Für ein Balkendiagramm sprechen die schnelle Übersicht über Planungsstand, Besprechungs- und Entscheidungstermine und besondere Aufgaben der einzelnen Mitarbeiter. Die Terminüberwachung (Timing des Planungsprozesses) läßt sich sinnvoll in einer Grobübersicht (langfristig) und in einer Feinübersicht (kurzfristig) vornehmen (Bild 1.3).

lfd. Nr.	Planungsphase		1978												1979											
			J	F	M	A	M	J	J	A	S	O	N	D	J	F	M	A	M	J	J	A	S	O	N	D
1	Vorstudie	IST																								
		SOLL																								
2	Entscheidung	IST																								
		SOLL																								
3	Systemplanung	IST																								
		SOLL																								
4	Entscheidung	IST																								
		SOLL																								
5	Ausführung	IST																								
		SOLL																								
6	Inbetriebnahme	IST																								
		SOLL																								
7	Projektkontrolle	IST																								
		SOLL																								

Bild 1.3. Grob-Planungsablauf mittels Balkendiagramm

Das *Projektbuch* stellt den Leitfaden für die Planung dar. Man kann es als „Planung der Planung" betrachten, und es wird über die gesamte Planungsdauer geführt. Darin sind zu finden: Tabellen, Checklisten, Fragebögen zu den Problemkreisen, Institutionen, Behörden, Anbieter, Planungsteam, -aufgabe, Kosten, Termine, Maßnahmen, Zeichnungs-, Aktenliste, Datenerfassung usw. Der systematische Aufbau erleichtert die Vorbereitung und verhindert, daß wesentliche Probleme übersehen werden.

Die *Aktenordnung* gewährleistet, daß alle mit der Planung vorhandenen Schriftstücke sinnvoll nach bestimmten Gesichtspunkten abgelegt und verwaltet werden. Dadurch ist sichergestellt, daß die Unterlagen schnell wiedergefunden werden, denn Unordnung ist zeitraubend und teuer.

Aktennotizen über Besprechungen sollten regelmäßig angelegt, fortlaufend numeriert und den Teilnehmern zugeschickt werden, um Unklarheiten und

Fehler schnell zu beseitigen. Ein einheitlicher Kopf mit Vordruck für Nummerierung, Tag, Ort, Thema, Teilnehmer und Verteiler mindert den Schreibaufwand der Aktennotiz als Ergebnisprotokoll.

1.2.3 Informationsmittel

Um Anregungen für technisch mögliche Lösungen zu erhalten und um sich über alle für die anstehende Planung relevante Fragen umfassend, verläßlich und schnell informieren zu können, haben Planungsbüros eine eigene *Dokumentation* aufgebaut. Diese setzt sich zusammen aus Informationsmaterial externen Ursprungs wie Fach- und Sachbücher, Zeitschriftensammlung, Prospektsammlung, und internen Ursprungs wie Erfahrungsberichte, Planungsberichte und Projektzeichnungen. Als weitere Informationsquelle sind in einer Dokumentation enthalten: Dia- und Fotokartei, Zeichnungs- und Berichtsarchiv, Mikrofilme. Gefüllt werden diese Speicher durch die Auswertung von Periodika, Berichten und Prospekten, die zu sichten, zu bewerten, zu codieren und einzuordnen sind. Mit einer numerisch und alphabetisch geordneten Kartei lassen sich Informationen schnell und leicht gewinnen. Eine gut geführte Dokumentation verhindert Doppel- und Parallelarbeit, verkürzt den Arbeitsaufwand bei einer Planung und verbessert ihre Qualität, indem sie den neuesten Stand der Technik zugänglich macht.

Der Planer muß sein Fachwissen ständig ergänzen und erweitern, was er durch den Besuch von Seminaren, Vorträgen, Messen, Ausstellungen und durch das Lesen von Fachzeitschriften erreichen kann. Bei der Durchführung einer speziellen Aufgabe kann er Informationen und Anregungen bekommen durch Befragen von Fachverbänden oder Spezialisten und durch Besichtigungen ausgeführter Planungen.

1.2.4 Entscheidungshilfen

Die Größen Sortiment, Lagergut, Standort, Lagereinheit, Abmessungen, Gewicht, Umschlagsfrequenz, Art der Auftragszusammenstellung, Fördermittel und Organisation haben einen Einfluß auf das Ergebnis einer Lagerplanung. Die Zahl theoretischer Lösungsmöglichkeiten zeigt die Vielfalt der Kombinationen von Tabelle 1.1. Um nur sinnvolle Lösungen zu untersuchen, bedient man sich des *morphologischen Kastens*, einer zweidimensionalen Matrix, die aus der Vielzahl von Möglichkeiten untersuchungswürdige Kombinationen herausfiltert (Tabelle 1.2).

Um aus einer Anzahl von Alternativen die für die Zielsetzung beste Lösung zu ermitteln, benutzt man Bewertungsmethoden und Wirtschaftlichkeitsrechnungen. *Bewertungsmethoden* sind dann anzuwenden, wenn neben quantifizierbaren auch qualitative Zielsetzungen, Einflußgrößen und Randbedingungen bei einer Entscheidung zu berücksichtigen sind.

Tabelle 1.1. Kombinationsmöglichkeiten im Lagerbereich

Größe	Ausführungsmöglichkeit			
Organisation	Lagerliste	Lochkarte	Magnetband	Prozeßrechner
Lagergut	Flüssigkeit	Schüttgut	Stückgut	Langgut
Lagereinheit	Palette	Behälter	Kasten	Container
Lagerungssystem	Boden-lager	Paletten-regal	Durchlauf-regal	Verschieberegal
Fördermittel	Gabel-stapler	Stapelkran	Regalförderzeug	Aufzug
Kommissionier-system	auftragsorientiert seriell	auftragsorientiert parallel	serienorientiert seriell	serienorientiert parallel

→ Kombinationsmöglichkeit

Tabelle 1.2. Morphologischer Kasten

Lagerung	Bedienung: Gabelstapler	Stapelkran	Regalföı-derzeug	Stetigförderer
Bodenlagerung im Block	×	(×)	—	—
ortsfeste Regale	(×)	(×)	×	—
Verschieberegale	(×)	×	—	—
Durchlaufregale	(×)	(×)	×	(×)

× zu untersuchende Lösung.
(×) technisch möglich, aber für den aufgestellten Fall unzweckmäßig und unrationell.
— technisch nicht möglich.

Zur schnellen Findung der optimalen Alternative bei geringer Zahl von gewichteten Kriterien dient der *Entscheidungsbaum*. Es ist für jedes Kriterium zu entscheiden, ob sein Erfüllungsgrad größer (+) oder kleiner (—) 50% ist (Bild 1.4).

Bei der *Punktbewertung* handelt es sich um ein zweistufiges Bewertungsverfahren in der Form einer vereinfachten Nutzwertanalyse. Subjektive Bewertung wird durch gewichtete Faktoren möglichst „objektiv" beurteilt und berücksichtigt. Das Verfahren ist verbreitet und wesentlich genauer und aussagefähiger als der Entscheidungsbaum. Vorgehensweise:

— Kriterien wahllos auflisten;
— Kriterienzahl auf 8 bis 12 begrenzen;
— Kriterien gewichten mittels Gewichtungsmatrix durch paarweisen Vergleich; waagerechte Summenbildung ergibt Gewichtungsfaktor (Tabelle 1.3a);

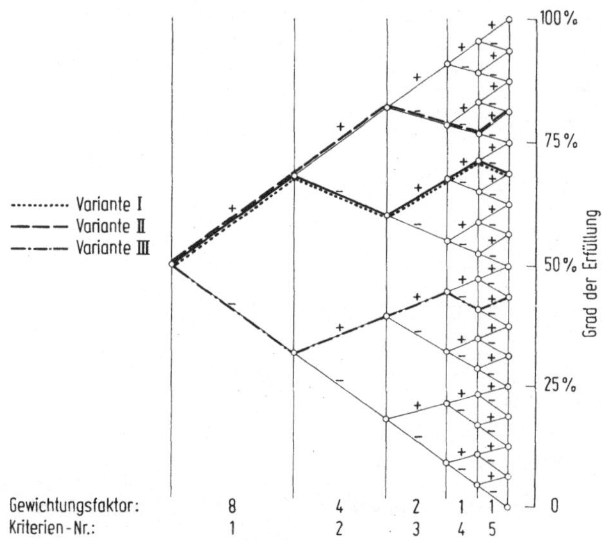

Bild 1.4. Entscheidungsbaum für fünf Kriterien im Gewichtungsverhältnis 8:4:2:1:1 bei drei Alternativen

— Benotungs-(Punkt-)System aufbauen, z. B. sehr gut gelöst: 5 Punkte, gut gelöst: 4, zufriedenstellend gelöst: 3, schlecht gelöst: 2, technisch nicht möglich: 1 Punkt;
— Bewertungsmatrix aufbauen;
— Bewertung durchführen: Verteilung von Noten (Punkten) für jedes Kriterium in jeder Alternative je nach Erfüllungsgrad;
— Bewertungsmatrix ausrechnen durch Multiplikation von Gewichtungsfaktor mit Note (Punktzahl);
— Bildung der Spaltensumme und Feststellung der optimalen Alternative (Tabelle 1.3b).

Die *Nutzwertanalyse* ist aussagefähiger, genauer und ermöglicht eine Vielzahl von Kriterien in überschaubarer Weise und unbeeinflußt voneinander darzustellen und zu vergleichen. Die unterschiedlichen Dimensionen der sowohl subjektiven als auch objektiven Kriterien werden durch Gewichtung auf einen Nenner gebracht, so daß sie miteinander vergleichbar sind. Die optimale Alternative erhält man durch:

Tabelle 1.3(a). **Zweistufige Punktbewertung für drei Lageralternativen**
Gewichtsmatrix (A > B = 1, A < B = 0, A = B = 0,5)

Kriterien		A	B	C	D	E	F	G	Punkt-Gewichtung	% Gewichtung	Rang
Flächenbedarf	A		1	1	0,5	1	1	1	5,5	25	1
Erweiterungsmöglichkeit	B	0		0	0	0,5	1	0,5	2	9,1	5
Flexibilität	C	0	1		0	1	0,5	0	2,5	11,3	4
Personalbedarf	D	0,5	1	1		0	1	1	4,5	20,4	2
Automatisierungsmöglichkeit	E	0	0,5	0	1		1	1	3,5	16	3
Übersichtlichkeit	F	0	1	0,5	0	0		0,5	2	9,1	6
„fifo“	G	0	0,5	1	0	0	0,5		2	9,1	7
									22	100	

Tabelle 1.3(b). Zweistufige Punktbewertung für drei Lageralternativen
Bewertungsmatrix (Alternative I: Palettenregal, Alternative II: Durchlaufregal, Alternative III: Verschieberegal)

Kriterien		% Gewichtung	Alternative I		Alternative II		Alternative III	
			Note	Punkte	Note	Punkte	Note	Punkte
Flächenbedarf	A	25	3	75	5	125	5	125
Erweiterungsmöglichkeit	B	9,1	5	45,5	3	27,3	5	45,5
Flexibilität	C	11,3	4	45,2	2	22,6	2	22,6
Personalbedarf	D	20,4	3	81,6	2	40,8	2	40,8
Automatisierungsmöglichkeit	E	16	4	64	4	64	2	32
Übersichtlichkeit	F	9,1	1	9,1	5	45,5	1	9,1
„fifo“	G	9,1	3	27,3	5	45,5	2	18,2
Summe	—	100	23	347,7	26	370,7	19	293,2
% von max. Punkte	—	—	—	69,6	—	74,2	—	58,6
Rang	—	—	—	II	—	I	—	III

— Aufstellen der Kriterien und Anforderungen;
— Unterteilung in Gruppen- und Einzelkriterien;
— Prozentuale Gewichtung von Kriterienbereiche und Kriterien (Tabelle 1.4a);
— Erstellen der Bewertungsmatrix mit Zielbewertung (Tabelle 1.4b);
— Aufbau der Zielwertmatrix, Übertragung von Gewichtungs- und Bewertungsgrößen;
— Ausrechnen der Zielwertmatrix und Bestimmung der optimalen Alternative (Tabelle 1.4c).

Tabelle 1.4(a). Auswahl eines Transportsystems aus drei Alternativen mittels Nutzwertanalyse
Kriterien und Gewichtung

Stufe	Kriterien Nr.	Gruppen- und Einzelkriterien	Dimension Meßwert	Gewichte in %	
				Gesamt	Einzeln
I	1	bestmögliches Transportsystem		100	
II	2	ökonomischer Bereich		30	
	3	technischer Bereich		20	
	4	Systembereich		35	
	5	baulicher Bereich		15	
III	2.1	Investitionskosten	DM		6
	2.2	Betriebskosten	DM/Jahr		8
	2.3	Personaleinsparung	Anzahl		5
	2.4	Garantieleistungen	Jahre		4
	2.5	Finanzierung	Kondition		2
	2.6	Amortisationsdauer	Jahre		5
	3.1	Automatisierbarkeit			4
	3.2	Anpassungsfähigkeit			7
	3.3	Handhabung			3
	3.4	Stückstrom	Stck./h		6
	4.1	Übersichtlichkeit			5
	4.2	Flexibilität			4
	4.3	Erweiterungsmöglichkeit			6
	4.4	Wartungsfreundlichkeit			5
	4.5	Störanfälligkeit			8
	4.6	Betriebssicherheit			7
	5.1	Platzbedarf	m^2		5
	5.2	Umbaukosten	DM		3
	5.3	Brandschutzkosten	DM		1
	5.4	Lieferzeit	Monate		2
	5.5	Montagezeit	Monate		3
	5.6	Umstellungsdauer	Tage		1

Tabelle 1.4(b). Auswahl eines Transportsystems aus drei Alternativen mittels Nutzwertanalyse
Bewertungsmatrix (□ Alternative A: power-and-free-Förderer, ○ Alternative B: angetriebene Rollenbahn, × Alternative C: induktiv gesteuerter Schlepper)

Kriterien Nr.	Schlecht		Zielwerte			Gut
	0	1	2	3	4	5
2.1			□ ×		○	
2.2				×		○ □
2.3					○ □	×
2.4				×	○ □	
2.5				○	× □	
2.6			× □		○	
3.1					○	□ ×
3.2				□ ×	○	
3.3					× □	○
3.4				□ ○		×
4.1					× ○	□
4.2			□	○ ×		
4.3				□ ×	○	
4.4				□	○ ×	
4.5			○ ×	□		
4.6				○	×	□
5.1		○				□ ×
5.2			× □		○	
5.3					× ○ □	
5.4			□ ×		○	
5.5				×	□ ○	
5.6				□	×	○

Wirtschaftlichkeitsrechnungen werden angewandt, wenn quantifizierbare Größen vorhanden sind. Jede Investition muß wirtschaftlich erfolgen, d. h. das eingesetzte Kapitel muß über kalkulatorische Abschreibung und Zinsen in einer bestimmten Zeit wieder „verdient" sein. Um dies nachzuweisen, dienen die *Investitionsrechnungen*, die sich gliedern in statische Verfahren (Kostenvergleichsrechnung, Amortisationsrechnung, Rentabilitätsrechnung) und dynamische Verfahren (Kapitalwertmethode, Annuitätsmethode, Abzinsungsmethode).

Statische Verfahren beruhen z. B. darauf, die Betriebskosten von zwei Systemen über lineare Abschreibungen und kalkulatorische Zinsen zu bestimmen und miteinander zu vergleichen (Kostenvergleichsrechnung vgl.

Tabelle 1.4(c). Auswahl eines Transportsystems aus drei Alternativen mittels Nutzwertanalyse
Zielwertmatrix

Kriterien-Bereiche		Ökonomischer Bereich							Technischer Bereich				
Kriterien		2.1	2.2	2.3	2.4	2.5	2.6	Σ	3.1	3.2	3.3	3.4	Σ
	Gewichtung	6	8	5	4	2	5	30	4	7	3	6	20
Alternative	A	12	40	20	16	8	10	106	25	21	12	18	76
		2	5	4	4	4	2	—	5	3	4	3	—
	B	14	40	20	16	6	20	126	20	28	15	18	81
		4	5	4	4	3	4	—	4	4	5	3	—
	C	12	24	25	12	8	10	91	20	21	12	30	83
		2	3	5	3	4	2	—	5	3	4	5	—

	Systembereich							Baulicher Bereich							Gesamtsumme	Reihenfolge
	4.1	4.2	4.3	4.4	4.5	4.6	Σ	5.1	5.2	5.3	5.4	5.5	5.6	Σ		
Gewichtung	5	4	6	5	8	7	35	5	3	1	2	3	1	15	100	—
A	25	8	18	15	24	35	125	25	6	4	4	12	3	54	361	
	5	2	3	3	3	5	—	5	2	4	2	4	3	—	—	II
B	20	12	24	20	16	21	113	5	12	4	8	12	5	46	366	
	4	3	4	4	2	3	—	1	4	4	4	4	5	—	—	I
C	20	12	18	20	16	28	114	25	6	4	4	9	4	52	340	
	4	3	3	4	2	4	—	5	2	4	2	3	4	—	—	III

Abschnitt 3.6). *Dynamische* Verfahren berücksichtigen zeitliche Unterschiede im Anfall der Ausgaben und Einnahmen einer Investition z. B. durch Abzinsung, d. h. ein in Zukunft verfügbares Kapital wird durch Abzinsung (bei Zinseszins) auf seinen heutigen Wert zurückgerechnet. Die vereinfachte Abzinsungsmethode beruht dabei auf gleichen jährlichen Rückflüssen während mehrerer Perioden. Ermittelt man nun für das Investitionsobjekt über dessen gesamter wirtschaftlicher Lebensdauer mittels einer Einnahmen-/Ausgabenrechnung die Verzinsung, so erhält man die Rendite der Investition. Es ist darunter der Zinssatz zu verstehen, mit dem der Barwert aller Rückflüsse durch Abzinsung errechnet wird. Dieser Barwert ist gleich dem Wert der Investitionskosten. Beispiele solcher dynamischer In-

vestitionsrechnungen für Erweiterungen und Rationalisierungen bringt die VDI-Richtlinie 2693 Bl. 1 und 2.

1.3 Datengewinnung

1.3.1 Allgemeines

Zu Beginn jeglicher Planung ist zunächst die Aufgabe zu lösen, Unterlagen in Form von Daten zu sammeln oder zu erarbeiten. Dabei ist zwischen gegebenen, geforderten und aufzunehmenden Größen zu unterscheiden. Zu den ersteren gehören z. B. Standort der Gebäude, Hallengröße und -höhe, Bodenbelastbarkeit, Randbedingungen, Beschränkungen, Fixpunkte. Die geforderten Größen z. B. für eine Lagerplanung lassen sich unterteilen in

— statische Größen: Anzahl der zu lagernden Paletten usw.;
— dynamische Größen: Anzahl der pro Tag ein- und auszulagernden Paletten usw.;
— spezifische Größen: Stapelbarkeit der Paletten, Klimatisierung.

Für die aufzunehmenden Werte ist zu beachten, daß Durchschnittswerte als Basisgrößen für eine Planung nicht ausreichend sind und daß saisonale Schwankungen berücksichtigt werden müssen. Es ist also zu überlegen, welcher Aufnahmezeitraum, welche Artikelgruppe und welche Artikelmenge zu untersuchen ist. Man muß nach relevanten Beschreibungsgrößen suchen, d. h. es ist eine qualitative Auswahl aus der Fülle der vorhandenen Daten zu treffen. Welche Größen und Werte nun wesentlich sind, hängt primär von der gestellten Planungsaufgabe ab.

Die Festlegung und Beschränkung auf einen repräsentativen Aufnahmezeitraum dient dem Ziel, einmal die Datenmenge zu reduzieren, zum anderen eine für die Aufgabenstellung charakteristische Zeitphase zu erhalten. Man bekommt diesen Zeitraum durch Befragung entsprechender Betriebsangehöriger im Fertigungs- und Lagerbereich oder durch statistische Untersuchungen der Umsatzanteile einzelner Artikelgruppen.

Repräsentative Artikel bzw. Artikelgruppen lassen sich ermitteln über

— die A-B-C-Analyse (Abschnitt 1.4.2);
— typische Artikelvertreter des Produktionsprogramms;
— Verkaufs- und Produktionsstatistiken.

1.3.2 Ermittlungsmethoden

Ein Planer gewinnt benötigte Planungsdaten aus

— *direkter* Analyse durch

Befragung: Aufzeichnungen beim Gespräch bzw. Interview, Ausfüllen von Formularen, Fragebogen, Erhebungsbogen, Tabellen;

Beobachtung: Kurzzeitaufnahmen durch Schätzen, Vergleichen, Multimoment-(MM-) Aufnahmen; Daueraufnahmen mittels Zeitstudien, Arbeitsablaufstudien, VDI/AWF-Materialfluß-Bogen;

— *indirekte* Analyse durch:
Sichten, Sortieren, Auswerten von Unterlagen jeglicher Art.

Beim *Gespräch* ist der Gesprächspartner auf die gestellten Fragen nicht vorbereitet, beim *Interview* wurden die zu besprechenden Themen vorher durchgearbeitet. Die Vorteile der Befragung sind: kurzer Zeitbedarf, geringe Vorbereitung und Belastung des Befragten, Anpassungsmöglichkeit an den Gesprächspartner. Nachteile können entstehen durch die Unterschlagung wichtiger Daten, durch die Qualität der Aussage, durch falsche Gewichtung der Fakten von Seiten des Befragten.

Fragebogen und *Formulare* sind nur so gut, wie sie exakt und vollständig ausgefüllt werden. Um dies zu erreichen, ist jeder aufgestellte Fragebogen vorher im Betrieb durch Probeaufnahmen zu testen und gegebenenfalls zu ergänzen und zu ändern. Ein ausgefüllter Musterfragebogen erleichtert dem Bearbeiter die Einarbeitung. Bei der Erstellung eines Fragebogens helfen die sogenannten W-Fragen:

— Was soll transportiert oder gelagert werden? (Transport- und Lagergut, Eigenschaften, Vielfalt);
— wieviel soll transportiert oder gelagert werden? (Volumen, Gewicht, Fördergutstrom, Bestände, Stückzahlen);
— woher und wohin wird transportiert, wo wird gelagert? (vom Lager zur Fertigung, Weglänge, Linienführung, Lagerort);
— wann und wielange wird transportiert oder gelagert? (Uhrzeit, Dauer);
— wie wird transportiert und gelagert? (Steuerung, Organisation, Regelung, Lagerung in gestapelter, palettierter Form, Transporttechnik, Lagertechnik, Transport- und Lagerhilfsmittel);
Fertigung, Weglänge, Linienführung, Lagerort);
— wann und wielange wird transportiert oder gelagert? (Transporttechnik, Lagertechnik, Transport- und Lagerhilfsmittel);

Tabelle 1.5. Fragebogen zur Erfassung von Fahrzeugen

Firma			Erfassung der Eigenfahrzeuge					Blatt-Nr.	
Abteil. Bearb.			Projekt					Datum	
lfd. Nr.	Typ	Baujahr	Tragfähigkeit in t	Ladefläche in m^2	Ladevolumen in m^3	Auslastung Vol. in %	Gew. in %	Zeit in %	Abstellplatz.
1	2	3	4	5	6	7	8	9	10

— wie wird transportiert und gelagert? (Steuerung, Organisation, Regelung, Lagerung in gestapelter, palettierter Form);
— wer transportiert oder lagert? (Facharbeiter, Transportarbeiter, vollautomatisch).

Das Ergebnis solcher Überlegungen zeigt Tabelle 1.5.

Zur Ermittlung betrieblicher Größen wie z. B. die Auslastung von Maschinen, Transportmittel, Flächenbelegung oder Größen wie Transport- und Verladezeiten, Kommissionier- und Verpackungszeiten kann man *Dauer-* oder *Kurzzeitaufnahmen* benutzen. Die Aufnahmen bei Zeit- und Arbeitsablaufstudien erfolgen direkt an Ort und Stelle, ergeben genaue Daten, sind aber personal- und zeitaufwendig und nur für kleinere Teiluntersuchungen anzuwenden.

Um schnell mit wenig Personal statistisch gesicherte Ergebnisse bei großem Aufnahmeprogramm zu erhalten, bietet sich das *MM-Verfahren* als ein brauchbares Kurzzeit-Beobachtungsverfahren an. Hier werden Mensch, Maschine oder Transportmittel nur während vieler kurzer Momente beobachtet. Die Einzelbeobachtungen sind zu unregelmäßigen, zufälligen Zeiten durchzuführen. Die Anzahl der zu beobachtenden Einzelvorgänge wird zur Gesamtzahl der Beobachtungen ins Verhältnis gesetzt, was dem zeitlichen prozentualen Anteil der Einzelvorgänge entspricht. Durch die diskontinuierlichen Aufnahmen werden Personal und Zeit gespart, so daß die Kosten nur ca. 30% des Aufwandes von Dauerzeitverfahren ausmachen.

Wo lange Dauerbeobachtungen notwendig wären, kann das MM-Verfahren schnell, wirtschaftlich und mit 95%iger Sicherheit Daten liefern. Unter der statistischen Sicherheit von 95% ist zu verstehen, daß 95% der durch MM-Aufnahmen gewonnenen Werte mit denen durch Daueraufnahmen erhaltenen Ergebnisse übereinstimmen. In der VDI-Richtlinie 2492 „Multimomentaufnahmen im Materialfluß" ist dieses Verfahren sehr ausführlich beschrieben und durch Beispiele ergänzt.

1.3.3 Prognosemethoden

Um ein Materialfluß- oder Lagersystem planen und auslegen zu können, sind die Ist-Größen des jetztigen Zustandes auf die Soll-Größen des zukünftigen Zustandes zu bringen. Dabei ist die Entwicklung des Unternehmens, des Absatzes, des Sortimentes, der Fertigungsverfahren, des Förder- und Lagerwesens, der Steuer- und Organisationssysteme, der Sicherheitsvorschriften abzuschätzen, und durch Marktanalysen sowie Prognosemethoden abzusichern. Berücksichtigt man die Planungszeit und die behördlichen Genehmigungsvorgänge mit etwa einem Jahr, die Bauzeit mit Ausschreibung, Herstellung, Montage mit einem weiteren Jahr, und legt man die endgültige Auslastung eines Lagersystems drei Jahre später fest, so sind die Solldaten auf fünf Jahre im voraus zu projizieren.

Die *Prognose* gibt einen vorraussichtlichen Ist-Zustand der Zukunft wieder und wird als Vorstufe von Planungen verwandt. Kurz- und mittelfristige Prognosen sind zu unterscheiden, wobei die Zuverlässigkeit und Genauigkeit einer Prognose abhängt von Herkunft, Wert und Alter der Information sowie dem angewendeten Prognoseverfahren. Die Erarbeitung einer Prognose verläuft von der Informationsgewinnung über die verwendete Prognosemethode bis zur Darstellung und Beurteilung der Ergebnisse.

Aus der Vielzahl der Prognosemethoden soll hier nur die *„Trend-Extrapolation* aufgezeigt werden. Dabei wird die Entwicklung der Vergangenheit in die Zukunft mit einer Trendkurve extrapoliert. Als häufigste Trendkurve ist die Trendgerade anzusehen. Aus Unterlagen wird z. B. der Lagerbestand oder die Nachfrage nach einem Artikel über einen längeren Zeitraum in der Vergangenheit ermittelt. Durch Interpolation wird der Kurvenverlauf (Trendgerade) festgelegt und durch Verlängerung in die „Zukunft“ extrapoliert (Bild 1.5).

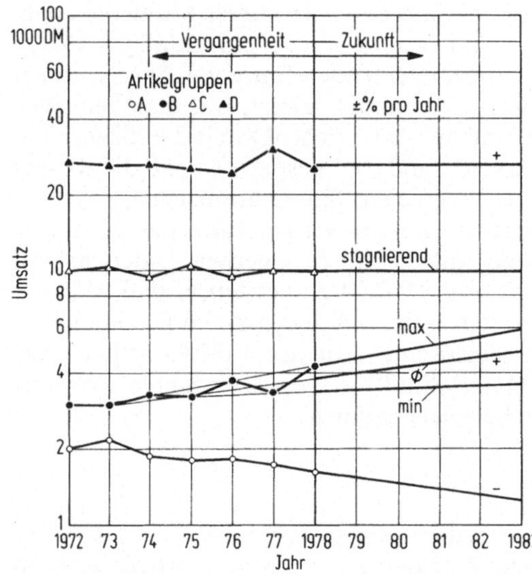

Bild 1.5. Trend-Extrapolation für Umsatzentwicklung

1.4 Datenverarbeitung

1.4.1 Allgemeines

Baut man Formulare und Fragebogen schon im Hinblick auf die Datenverarbeitung und -auswertung auf, reduziert sich erheblich die anfallende Arbeit. An die Verfahren werden die Forderungen gestellt, auf einfache Art und Weise aus den ermittelten Daten Darstellung, Beurteilung und kritische Betrachtung entnehmen zu können. Man kennt reine Auswertungs- und

Darstellungsmethoden, aber auch Verfahren, die gleichzeitig der Datengewinnung und -auswertung dienen. Dazu zählt der *VDI/AWF-Materialflußbogen 3300a*, der genaue Untersuchungen über den Ablauf des Materialflusses zuläßt und eine Gliederung in die einzelnen Vorgänge erlaubt. Bild 1.6 zeigt einen ausgefüllten Beobachtungsbogen aus dem zu entnehmen sind:

— Die Symbole für die Tätigkeiten des Materialflusses in den Spalten 3 bis 8 und 18 bis 23,
— die Vorgänge (Spalte 2); die Fördergutströme nach Zahl und Einheit (Spalten 9 und 10); die Entfernungen (waagerecht, senkrecht; Spalten 11 und 12); die Arbeitskräfte nach Zahl, Entlohnung und Ausbildung (Spalten 14, 15, 16); die Fördermittel (Spalte 13); die Summierung der Einzelzeiten (Spalte 17),
— die Auswertung der Ablaufstudie durch Summenbildung in der letzten Reihe.

Zum VDI/AWF-MF-Bogen gehört eine maßstäbliche Skizze, in welche die Symbole der Materialflußtätigkeiten in der gleichen Reihenfolge und mit denselben laufenden Nummern eingetragen sind.

1.4.2 Auswertungsmethoden

Die *Von—Nach-Matrix* stellt ein Verfahren dar, Transportbeziehungen (Gewichte, Volumen, Anzahl Transporteinheiten pro Zeiteinheit, Entfernungen, Kosten, Transportmittel) zwischen den Abteilungen eines Betriebes für Hin- und Rückflüsse getrennt in übersichtlicher Art wiederzugeben. Sie dient als Ausgangstabelle zur Erstellung quantitativer Materialflußdiagramme. Das in Tabelle 1.6 abgebildete Von—Nach-Diagramm gibt die Materialbewegungen in Tonnen pro Monat zwischen 7 Abteilungen

Tabelle 1.6. Von-Nach-Matrix der Materialbewegungen zwischen Betriebsabteilungen (Angaben in t/Monat)

Von	Nach	Abteilungen 1	2	3	4	5	6	7	Summe
Blechlager	1	—	93	144		10			247
Spanlose Fertigung	2	4	—	50	23	8	2		87
Spanabhebende Fertigung	3	10	12	—	138	10	13	4	187
Zwischenlager	4		23	40	—	115			178
Montage	5			2	13	—	133		148
Endkontrolle	6		1	2	4	5	—	136	148
Verpacken	7							—	
	Σ	14	129	238	178	148	148	140	

Bestell-Nr.
VDI 5-3300a

Firma/Werk/Kostenstelle: Schamotte-Fabrik	VDI/AWF-Materialflußbogen Nr. 2	Blatt Nr. 2, gehört zu 1 u. 2
Bearbeiter: Wg — Datum: 3.12.58	Gegenstand der Untersuchung: Steine-Transport vom Brennofen zum Steinlager	~~Jetziges Verfahren~~ / Vorschlag

Lfd. Nr.	Vorgang	+ Bearbeiten	O Handhaben (Bewegen)	> Transportieren (Bewegen)	□ Prüfen	D Aufenthalt	▲ Lagerung	Fördermenge Zahl	Fördermenge Einheit	Entfernung in m ↔	Entfernung in m ↕	Fördermittel	Arbeitskräfte Zahl	Arbeitskräfte Lohn bzw. Lohn-Gr.	Arbeitskräfte Art	Fortschrittszeit	Einzelzeiten in min/100: + Bearbeiten	O Handhaben (Bewegen)	> Transportieren (Bewegen)	□ Prüfen	D Aufenthalt	▲ Lagerung	Bemerkungen
1	2	3	4	5	6	7	8	9	10	11	12	13	14	15	16	17	18	19	20	21	22	23	24
1	brennen, abkühlen	+											—			—							
2	Stein aufnehmen		●					einzeln				60 × (Zeilen 2–4)	4		HA	—		100					je 60 Stück (Zeilen 2–4)
3	prüfen				□			〃					〃		〃	—				100			
4	auf Palette legen		O					〃					〃		〃	390		190					
5	Palette aufnehmen		●					60	Stck.			GS*	1		TA	400		10					〃
6	zum Steinlager			>				〃	〃	40		〃	〃		〃	500			100				〃 einschl. Rückfahrt
7	Palette stapeln		O					〃	〃			〃	〃		〃	520		20					〃
8	Lagerung						Δ									—							
	Summe/Übertrag	1	4	1	1	-	1			40			5			520	—	220	100	100	—	—	3/5 = 60 %

*bedient 3 Öfen

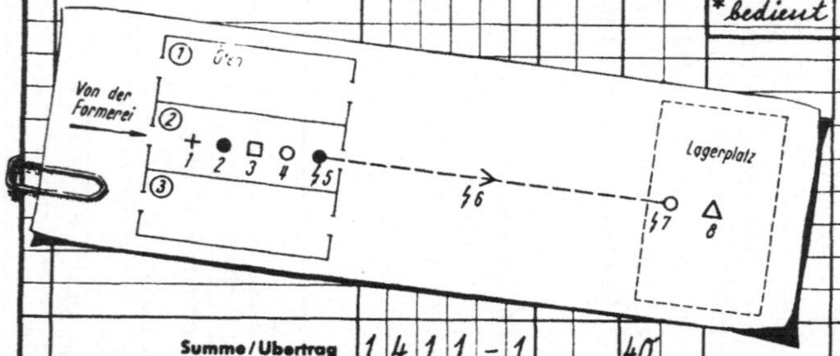

Bild 1.6. Ausgefüllter VDI/AWF-Materialflußbogen

an. Die Summen aller waagerechter Zeilen können nicht mit den Summen aller senkrechter Spalten übereinstimmen, da zerspantes Material, Ausschuß, Schrott oder Abfall nicht in der Matrix enthalten ist.

Die *ABC-Analyse* gestattet eine Rangreihenfolge der Güter im innerbetrieblichen Materialfluß nach ihrer Wichtigkeit und Bedeutung aufzustellen.

Die ABC-Analyse benutzt man, um

- Größen wie Umsatz, Gewinn, Transportkosten, Bestände usw. in Abhängigkeiten von der Artikelzahl (Positionen) in Stückzahl oder Prozent darzustellen;
- Transport- und Lagergüter in Gruppen (A-B-C) einzuteilen und dadurch Aussagen über die Art von Fördermitteln und -hilfsmitteln für die einzelnen Gruppen zu treffen;
- Sortimentsbereinigung durchzuführen, Lagersysteme für die gebildeten Gruppen festzulegen oder die Größe des Mechanisierungsgrades im Materialfluß je Artikelgruppe zu bestimmen;
- Bestell- und Dispositionsverfahren für jeden Bereich (A-B-C) auszuwählen,
- Sollbevorratung für die einzelnen Artikel oder Artikelgruppen einzuführen.

Das dabei auftretende 20 zu 80 Phänomen besagt, daß 20% der Positionen (A-Artikel) ca. 80% des Umsatzes ausmachen, 30% der Positionen (B-Artikel) mit ca. 15% am Umsatz und 50% der Positionen (C-Artikel) mit ca. 5% am Umsatz beteiligt sind.

Will man z. B. die ABC-Analyse für den jährlichen Umsatz in Abhängigkeit von den Lagerpositionen aufstellen, sind folgende Schritte erforderlich:

Tabelle 1.7. Ermittlungstabelle für A-B-C-Analyse

Artikel-gruppe	Position pro Gruppe	Anteil		Umsatz in T DM pro Jahr	Anteil	
		in %	% kumuliert		in %	% kumuliert
1	2	3	4	5	6	7
1	20	6,25	6,25	2500	39,57	39,57
2	13	4,06	10,31	1200	18,99	58,56
3	42	13,12	23,43	7500	11,87	70,43
4	17	5,31	28,74	530	8,39	78,82
5	33	10,31	39,05	500	7,96	86,78
6	52	16,25	55,30	325	5,25	92,03
7	63	19,68	74,98	315	4,79	96,82
8	80	25,02	100	200	3,18	100
Summe	320	100	—	6320	100	—

— Einteilen der Lagerpositionen in zusammengehörende und überschaubare Lagergutgruppen;
— Summieren aller Lagergutgruppen als Bezugsbasis (100%), Errechnen des prozentualen Anteiles jeder Lagergutgruppe;
— Bestimmen des jährlichen Umsatzes jeder Gruppe;
— Eintragen dieser Gruppen in vorbereitete Tabellen nach fallendem Umsatz (Tabelle 1.7);
— Summieren sämtlicher Umsatzwerte ergibt Bezugsbasis (100%), Errechnen des prozentualen Umsatzanteiles jeder Gruppe;
— Zeichnen der ABC-Analyse und Bilden der ABC-Bereiche (Bild 1.7);
— Auswerten des Diagramms, Ziehen der Schlußfolgerungen.

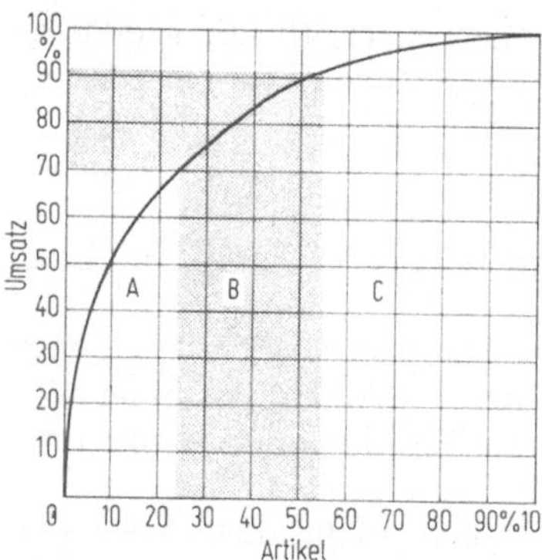

Bild 1.7. A-B-C-Analyse für Tabelle 1.7

1.4.3 Darstellungsmethoden

Das Darstellen von aufgenommenen und verarbeiteten Daten stellt den Abschluß der Datenermittlung dar und bildet die Grundlage für die folgende Bewertung, kritische Betrachtung des vorgefundenen Zustandes und weitere Planung. Von einer Darstellung wird gefordert, daß sie übersichtlich, schnell und einfach herstellbar ist, sowie nur wenige, aber relevante Fakten besitzt. Die Wahl der Darstellungsmethode hängt ab vom Ziel der Untersuchung, vom Empfänger der Ausarbeitung und vom Materialflußplaner selbst.

Bei einer Lagerplanung beschränkt sich die Darstellung meist auf Wiedergabe des organisatorischen Ablaufes des Ein- und Auslagerungsvorganges.

Materialflußdarstellungen können einmal rein qualitative Aussagen machen — dann steht die Zuordnung im Vordergrund —, oder sie geben zum anderen qualitative und quantitative Größen wieder, um zusätzliche Angaben wie Transportbeziehungen und Entfernungen aufzuzeigen. Tabellarische und graphische Darstellungen sind zu unterscheiden. Ihre farbliche Gestaltung spielt eine wichtige Rolle, um die relevanten Größen und Besonderheiten besser hervortreten zu lassen. Darstellungsmethoden sind:

— Sankey-Diagramm (schematisches Volumen- oder Masseflußdiagramm, Bild 1.8);
— Block- und Ablaufdiagramm;
— Kreisdiagramm (Bild 1.9);
— lagegerechtes Ablaufdiagramm.

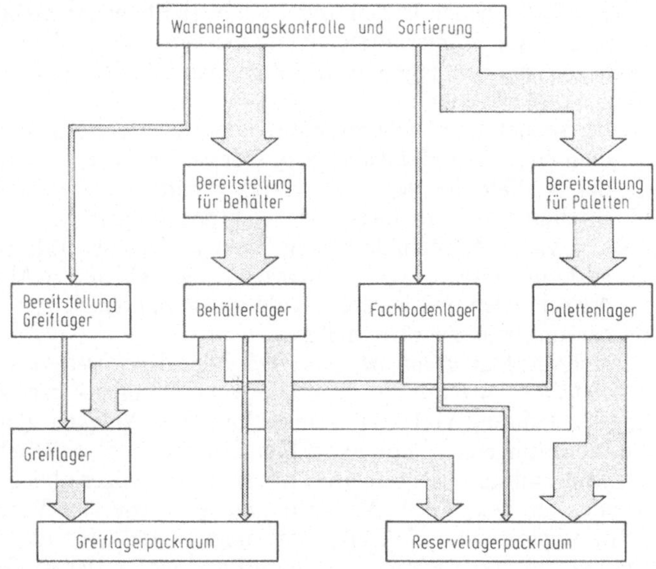

Bild 1.8. Sankey-Diagramm, MF-Diagramm mit den wichtigsten Materialflußströmen

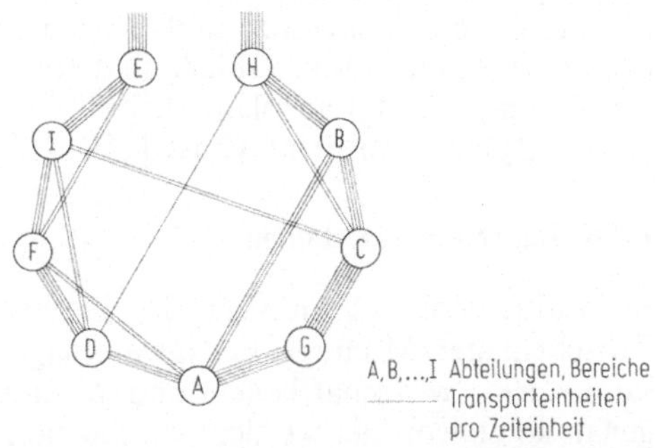

Bild 1.9. Geordnetes, schematisches Kreisdiagramm des Materialflusses

Für die zweidimensionale Wiedergabe von Materialflußplänen, von Planungsalternativen oder von Einrichtungsplänen genügen keine Darstellungen in der Art von Konstruktionszeichnungen, sondern man benötigt anschauliche, schnell erstellbare und leicht änderbare Wiedergaben. So ist ein inzwischen vielfach bewährtes Planungsinstrument für die ebene Darstellung vielschichtig verknüpfter Systeme der *synoptische Klebeplan*. In ihm werden auf mehreren durchsichtigen Folien Draufsichtsbilder, Symbole usw. geklebt, wobei jede Schicht ein differenziertes System wie z. B. den Materialfluß, das Lagersystem oder die Fertigung wiedergibt. Beim Arbeiten mit Klebeplänen ist die Vervielfältigungsfrage zu prüfen. Benutzt man farbige, selbstklebende Folien, Symbole oder Elemente, so besteht nur photographisch eine Kopiermöglichkeit. Operiert man mit lichtpausfähigen Symbolen, so sind beliebige Vervielfältigungen möglich. Die Vorteile des Klebeplanes sind zu sehen in

— der schnell und leicht zu erlernenden Klebetechnik;
— dem einfachen Handwerkzeug (Messer, Schere, kein Reißbrett);
— der Vielfalt der auf dem Markt erhältlichen selbstklebenden Folien, Streifen, Symbole (farbig oder lichtpausfähig);
— den vielen Klebebildern(templates) in Draufsichtdarstellung mit Bleistift oder Tusche beschreibbar und in verschiedenen Maßstäben;
— der schnellen und leichten Änderungsmöglichkeit;
— der anschaulichen Darstellung.

Auch das Planen mit *Magnettafeln* oder *Steckbrettern* sei hier angeführt.

Modelle — also dreidimensionale Darstellungen — werden in erster Linie bei der Planung von verfahrenstechnischen Anlagen eingesetzt und vom Verfahrensingenieur mit Modellbauern aus dem Fließschema erstellt. In der Materialfluß- und Lagertechnik sind sie weniger üblich wegen ihres Aufwandes an Zeit, Geld, Material und qualifiziertem Personal, wegen der Schwierigkeit, Materialflußströme und Werte wiederzugeben, wegen der Einmaligkeit (keine Vervielfältigung) und wegen des großen Platzbedarfes.

Der Maßstab einer Planung soll nach Größe des Planungsobjektes, der Planungsphase und dem Zweck der Planung ausgewählt werden und muß alle die für die Diskussion und Beurteilung relevanten Einzelheiten genau genug erkennen lassen. Üblich sind für Grobentwürfe (Groblayouts), für Zuordnungs- und Lagepläne 1:200, für Ausschreibungsunterlagen, Einrichtungspläne und Feinlayouts 1:50.

1.4.4 Zuordnungsmethoden

Im Industriebetrieb müssen die Bereiche Wareneingang, Vorfertigung, Zwischenlager, Montage, Fertigwarenlager und Warenausgang nach organisatorischen, wirtschaftlichen und technischen Gesichtspunkten einander genau so zugeordnet werden wie die Betriebsmittel innerhalb einer Abteilung. Das Ziel der Zuordnung besteht darin, einen minimalen Transport zwischen den Abteilungen zu erreichen, also die geringsten Materialflußkosten zu erzielen. Alle Zuordnungsverfahren sind auf dieses Ziel ausgerichtet.

Das *Kreisverfahren* stellt eine einfache Methode dar, das günstigste Abteilungs-Layout zu erhalten. Zunächst werden die Transportbeziehungen über ein Von—Nach-Diagramm ermittelt (Abschnitt 1.4.2) und damit ein quantitatives Materialflußschaubild in Form eines Kreisdiagramms gezeichnet. Dieses ungeordnete Flußschema (Bild 1.10) muß so umgeordnet werden, daß sich möglichst wenige Überschneidungen der Verbindungslinien ergeben und die größten Transportströme die kleinsten Wege erhalten (Bild 1.9). Unter Beachtung der Randbedingungen, der Beschränkungen und der Fixpunkte kann nach dem so umstrukturierten Materialflußdiagramm das Zuordnungslayout erstellt werden.

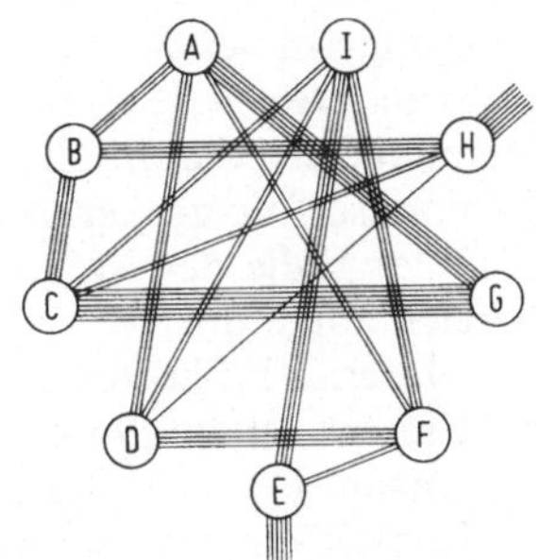

Bild 1.10. Ungeordnetes, schematisches Kreisdiagramm des Materialflusses

Das *Dreiecksverfahren* ist eine konstruktive Methode, bei der die Abteilungen als Punkte aufgefaßt werden. Weder die Flächen in Größe und Form noch Randbedingungen berücksichtigt man. Die Planungsfläche wird mit einem Raster aus gleichseitigen Dreiecken überzogen. Die entstehenden Schnittpunkte sind die möglichen Standorte (Lagen) der Abteilungen. Die Richtung des Materialflusses spielt beim Dreiecksverfahren keine Rolle, so daß die Hin- und Rückflußmengen zusammengefaßt werden. Auch hier bildet die Grundlage für eine materialflußoptimale Zuordnung der Abteilungen das VON—NACH-Diagramm. Weiterhin müssen die Flächen der Planungselemente bekannt und Randbedingungen gegeben sein. Die Zuordnungsermittlung geschieht nach folgender Vorgehensweise:

- Umwandlung der quadratischen Von—Nach-Matrix in eine Dreiecksmatrix durch Addition der Größen oberhalb der Hauptdiagonalen zu den entsprechenden unterhalb dieser Linie.
- Die größte Transportbeziehung zwischen zwei Abteilungen sind in der Dreiecksmatrix aufzusuchen und in das Rasterfeld auf zwei nebeneinander liegenden Kreuzungspunkten einzutragen.
- In den dritten Eckpunkt des entstehenden Dreiecks wird die Abteilung gesetzt, deren Transportbeziehungen zu den schon eingetragenen am größten ist.
- Die Auswahl der als nächste zuzuordnenden Abteilung geschieht gleichermaßen. Sinnvoll ist, diese Überlegungen tabellarisch durchzuführen.

— Sind alle punktförmig angenommenen Abteilungen in das Dreiecksraster eingetragen, muß diese ideale Zuordnung durch die flächenmäßige Ausdehnung der Abteilung entsprechend ihrer Form in ein Layout umgewandelt werden.

Im Buch Dolezalek, Planung von Fabrikanlagen, S. 321, kann ein ausgeführtes Beispiel nachgelesen werden.

1.4.5 Kennzahlen

Kennzahlen sind Verhältniszahlen, die einmal dazu dienen, betriebliche Vorgänge zu beschreiben, zu beurteilen, zu vergleichen und zu kontrollieren. Zum anderen stellen ihre Größenwerte Planungsvorgaben dar. Mit Kennzahlen bietet sich die Möglichkeit, Dimensionierungen durchzuführen oder den Planungserfolg zu veranschaulichen. Sie können beliebig gebildet werden. Aus der Fülle der Möglichkeiten seien aus dem Materialfluß- und Lagerbereich aufgeführt:

— Materialflußkosten zu Herstellkosten;
— Einwirkzeit zu Durchlaufzeit;
— Anzahl Facharbeiter zu Anzahl Transportarbeiter;
— Lagerfläche zu Fertigungsfläche;
— Verkehrsfläche zu Lagerfläche;
— Lagerbestand zum Kapital;
— Materialflußmenge in Tonnen pro Tag zu Anzahl Transportarbeiter;
— Förderlohnkosten zu Gesamtförderkosten;
— Anzahl Bearbeitungsvorgänge zu Anzahl Transportvorgänge.

1.5 Transport- und Lagergrößen

1.5.1 Allgemeines

Mit „Fördern“ und „Transportieren“ wird der gleiche Vorgang ausgedrückt, allerdings verwendet man den Begriff „Fördern“ mehr im innerbetrieblichen, „Transportieren“ mehr im zwischenbetrieblichen Materialfluß. Fördern ist das Fortbewegen von Gütern und Arbeitsgegenständen zwischen den Abteilungen in einem System. Lagern ist der gewollte Aufenthalt, dessen Dauer meist wesentlich länger ist als die Bearbeitungszeiten für die Herstellung des betreffenden Gutes. Eine Pufferung der Güter wird immer dann erforderlich, wenn kurze Wartezeiten an Maschinen oder Übergabestellen zu überbrücken sind. Sie hat die Funktion von Speichern in Form von Staustrecken oder Bereitstellplätzen.

Fördern, Lagern und Puffern rufen meist keine Wertverbesserung des Gutes hervor, sondern kosten Geld und binden Kapital. Daher ist der Transport möglichst kurz und die Lagerung in Menge und Dauer gering zu halten und zu planen. Die Zuordnung der Betriebsmittel spielt eine große Rolle, da hierdurch Manipulations- und Transportvorgänge wesentlich beeinflußt werden. Wegen der hohen Materialfluß- und Personalkosten, der Unzulänglichkeit und der Unzuverlässigkeit des Menschen müssen die Tätigkeiten des Transportierens, des Lagerns und des Manipulierens analysiert werden, um anschließend rationell und wirtschaftlich geplant zu werden. Im Förderwesen soll weniger improvisiert und mehr organisiert werden; der Materialfluß soll personalarm und mechanisiert vonstatten gehen.

1.5.2 Transport- und Lagergut

Für die Planung eines Transport- und Lagervorganges spielt das *Fördergut* mit seinem *Förderhilfsmittel* wie Palette, Behälter usw. eine entscheidende Rolle und hat direkten Einfluß auf die Gestaltung der Planung. Dazu muß man die Güter analysieren, ihre Eigenschaften spezifizieren. An Gütern sind zu unterscheiden: Gase, Flüssigkeiten, Schüttgut (loses Gut in schüttbarer Form) und Stückgut (einzelne, jeweils eine Einheit bildende Güter). Sind nur kleine Mengen von Gasen, Flüssigkeiten oder Schüttgut zu bewegen, so füllt man Gase unter Druck, Flüssigkeiten und Schüttgut drucklos in Transportbehälter jeglicher Art und behandelt sie wie Stückgut unter Beachtung der Transport- und Lagervorschriften. Für den Transportvorgang ist die Unterscheidung zu treffen, ob die Fördergüter ohne oder mit Förderhilfsmittel zu transportieren sind.

Dem Planer müssen entweder detaillierte Angaben zum Förder- oder Lagergut vorliegen, oder er muß sich über eine Ist-Zustandserfassung diese Daten besorgen. Je nach Planung werden an Merkmalen benötigt vom:

Fördergut
- die Gutart: Schütt- oder Stückgut;
- technische Größen: Maße (Abmessungen, Gewicht, Volumen, Schüttdichte, . . .), Form (stangen-, ring-, tafel-, rohrförmig, Art der Auflagefläche, lose, gebündelt, . . .);
- Materialeigenschaften: mechanische (zerbrechlich, klebrig, backend, schleißend, stapelbar, staubend, stoßempfindlich, sperrig, scharfkantig, . . .), physikalische (Temperatur, Feuchtigkeitsgehalt, magnetisch, Körnung, Böschungswinkel, Rutschwinkel, . . .), chemische (ätzend, explosiv, giftig, brennbar, hygroskopisch, wärme- oder hitzeempfindlich, . . .);

Förderhilfsmittel
- Art, Form (Palette, Behälter, Sack, Kiste, Karton, Faß, Stapelbehälter, . . .);
- Maße (Abmessungen, Gewicht, Normgröße, Zuladung, . . .);
- Aufnahme (von allen Seiten, von oben, von unten, längs, quer, . . .);
- Material (Stahl, Aluminium, Holz, Preßspan, Kunststoff, . . .);
- Eigenschaften (stapelbar, wiederverwendbar, offen, geschlossen, zerlegbar, wasserdicht, gasdicht, geruchsdicht, glatte, gerippte, gewölbte Bodenfläche, . . .).

Die VDI-Richtlinie 2393 beschreibt, charakterisiert und klassifiziert *Schüttgut* nach seiner Formbeschaffenheit (Korngröße und -form), nach dem Zusammenhalt und Fließverhalten, nach physikalischen und chemischen Eigenschaften, nach Schüttdichte und Temperatur. Aufgrund der Schüttdichte lassen sich die Schüttgüter unterteilen in:

— Leichtes Schüttgut (Dichte $\varrho < 0{,}2$ t/m^3);
— mittelschweres Schüttgut ($\varrho = 0{,}2$ bis $0{,}8$ t/m^3);
— schweres Schüttgut ($\varrho > 0{,}8$ t/m^3).

Abgesehen von der Lagerung minderwertigen Massengutes (Steine, Kies, Sand, Kohle, Erz usw.) auf Halden, können die Massengüter unterschieden werden in

— Sacktransport und Sacklagerung;
— Behältertransport und Behälterlagerung;
— Containertransport und Containerlagerung;
— Silotransport und Silolagerung.

Unter *Stückgut* (VDI-Richtlinie 3565) werden alle Gegenstände bezeichnet, die ohne Rücksicht auf Form und Gewicht während des Fördervorganges als Einheit behandelt werden. Unter *Einzelgut* sind zahlenmäßig erfaßbare Stückgüter zu verstehen. *Massengut* entspricht einmal ein Massenstrom von Schüttgut wie bei Erz, Kohle, Getreide usw., zum anderen von Stückgut wie bei Postpaketen, Ballen, Fässern usw. Besonders langes Stückgut (Länge über 2,5 m) wird als *Langgut* oder *Langmaterial* bezeichnet (z. B. Rohre, Rund-, Vierkant-, Winkelstäbe, Profilstäbe). Tafeln oder Platten sind Stückgut mit großer Länge und Breite, aber geringer Dicke (z. B. Blechtafeln, Preßspanplatten).

1.5.3 Transport- und Lagerhilfsmittel

Darunter sind Hilfsmittel wie Paletten, Behälter oder Kästen zu verstehen, deren Aufgabe es ist, sinnvolle Einheiten zur Aufnahme der Lager- und Transportgüter zu bilden. Man bezeichnet die Hilfsmittel als *Ladehilfsmittel* und faßt sie zu *Ladeeinheiten* mit dem Ziel zusammen, die Transport-, Manipulations- und Lagervorgänge rationell durchführen zu können. Das Lademittel übt die folgenden Funktionen aus:

— Tragen der Güter;
— Zusammenhalten der Güter;
— Schützen gegen Umwelteinflüsse und Diebstahl;
— Sichern gegen Verrutschen und Auseinanderfallen;
— Informieren über die Güter;
— Erleichtern des Transportes, der Manipulation und der Lagerung.

Durch die Ladeeinheit werden

— Umschlagsleistungen erhöht durch Einsparung von Umladevorgängen und Reduzierung von Handhabungszeiten;
— Fördersysteme und Transportketten ermöglicht, wenn Ladeeinheit = Transporteinheit = Lagereinheit = Fertigungseinheit ist;

— Verpackungskosten gespart, Unfallgefahren verringert und Diebstähle erschwert;
— Mechanisierung und Automatisierung ermöglicht durch bessere Abstimmung von Ladeeinheit und Fördermittel;
— Auslastung der Fördermittel erhöht;
— Inventuren schneller durchgeführt;
— Raumausnutzung durch Stapelung vergrößert;
— Transportkosten gesenkt.

Da Ladehilfsmittel im Materialfluß eine Schlüsselstellung einnehmen, müssen sie sorgfältig nicht nur nach den oben aufgeführten Gesichtspunkten ausgewählt werden, sondern auch nach Maßhaltigkeit, Standardisierung, Handhabung, Werkstoff, Preis und Nachlieferbarkeit. Trotz des Nachteiles der Kosten von Ladehilfsmitteln und den notwendigen Transportmitteln ist die moderne Förder- und Lagertechnik ohne den Einsatz dieser Hilfsmittel nicht mehr denkbar. Ihre Anzahl ist in einem Unternehmen immer so gering wie möglich zu halten, um die Art der Fördermittel zu beschränken und ihre Auslastung zu erhöhen. Besonderes Augenmerk ist auf die Rückführung leerer Hilfsmittel zu richten. Die wichtigsten Ladehilfsmittel sind Paletten, Behälter, Kästen und Container in den verschiedensten Ausführungsformen.

Paletten

Nach DIN 15145 ist eine Palette eine tragbare Plattform mit oder ohne Aufbau zum Zusammenfassen von Gütern zu einer Ladeeinheit. Sie wird vorwiegend mit Flurförderern (Gabelstaplern) verfahren, aber auch mit Stetigförderern (angetriebene Rollenbahnen, Kettenförderer). Sie dient zum Transportieren, Lagern und Stapeln von Gütern. Genormt sind die Abmessungen 800 × 1000 mm (innerbetriebliche Anwendung), 1000 × 1200 mm (chemische Industrie, Großindustrie), 800 × 1200 mm (Pool-Palette).

Es werden unterschieden:

— *Flachpaletten* (Bild 1.11): Größter Einsatzbereich, Unter-(Ein-)fahrhöhe 100 mm, Eigengewicht ist abhängig von Tragfähigkeit (700 bis 2000 kg) und vom Werkstoff (Holz, Stahl, Aluminium, Sperrholz, Preßspan, Kunststoff).

  Die *Pool-Flachpalette* (gütegeprüfte, europäische Tauschpalette) nach DIN 15146/2 und DIN 15147 besteht aus Holz, ist als *Vierwegepalette* (vierseitig mit Stapler unterfahrbar) ausgebildet, für 1000 kg Beladung ausgelegt und muß folgende Kennzeichnung aufweisen:
  — An jeder Längsseite: am linken Eckklotz das Zeichen der Bahnverwaltung, z. B. „DB“, am rechten Eckklotz die Buchstaben „EUR“ in einer Ellipse;
  — an einer Längsseite: am Mittelklotz das Gütezeichen „RAL-RG 993“ mit Monats- und Jahresangabe, z. B. „7/78“, sowie die Kennzahl des Herstellers.

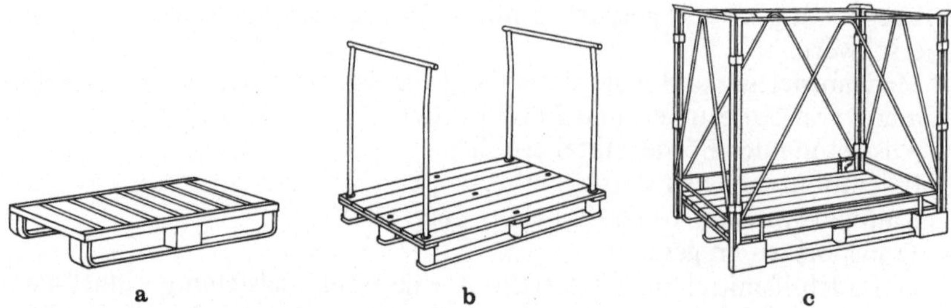

Bild 1.11 a—c. Flachpaletten. **a** aus Stahl, **b** aus Holz mit Rohrbügel (stapelbar), **c** aus Holz mit Aufsetzrahmen (stapelbar)

Nur derart gekennzeichnete Paletten entsprechen den Vorschriften des deutschen Palettenpools und sind tauschfähig (UIC-Merkblatt 435-2, 5. Ausgabe vom 1. 10. 77). Paletten für den automatischen Transport oder für automatische Einlagerung ins Hochregal oder Durchlaufregal müssen maß- und formbeständig sein und dürfen keine Beschädigung aufweisen.

Die Hauptmerkmale der *Zweiwegepalette* sind:

- Nur von zwei gegenüberliegenden Seiten unterfahrbar (quer- oder längsunterbefahrbar);
- hohe Belastbarkeit infolge durchgehender Kantholzträger;
- Qualitätsverbesserung durch zusätzliches Aufleimen der Bretter auf die Kantholzträger, durch Verbindung mittels Senkholzschrauben und Einrißschutz der Hartholzbretter und Kantholzenden.

Bei nicht stapelbarem, druckempfindlichem Gut können mit Hilfe von *Aufsetz- oder Aufsteckrahmen* oder aufsteckbaren *Bügeln* Paletten 5-fach übereinander gestapelt werden (Bild 1.11, Aufsetzrahmen faltbar, Höhe bis 1,6 m, Rahmen auch als Gitterkonstruktion auf dem Markt). Für Palettenladungen mit hohem Schwerpunkt und solchen, die sich schlecht gegenseitig halten können trotz lagenweisem Verpackungsverbund, gibt es *Ladungssicherung* durch verschiedene Hilfsmittel und -einrichtungen in Form von

- Gitteraufsetzrahmen;
- Zwischenlagen von Rauhpappe;
- Verkleben der Lagen;
- Umreifen z. B. mit Gummibändern;
- Schrumpf- und Dehnungsfolien.
- *Boxpaletten* (Bild 1.12): Unterfahrbar, bei vorhandenen Kranösen mit Hebezeugen transportierbar, gebaut als *Vollwand-* und *Gitterboxpalette.* Sie können abklappbare, halbe Seitenwände besitzen und haben für die Stapelung Profilwinkelrahmen mit oder ohne Fangecken. Tragfähigkeit meist 1000 kg, für 5-fache Stapelung ausgelegt. Bei der Gitterboxpalette wird das Gut von außen erkannt. Eigen-

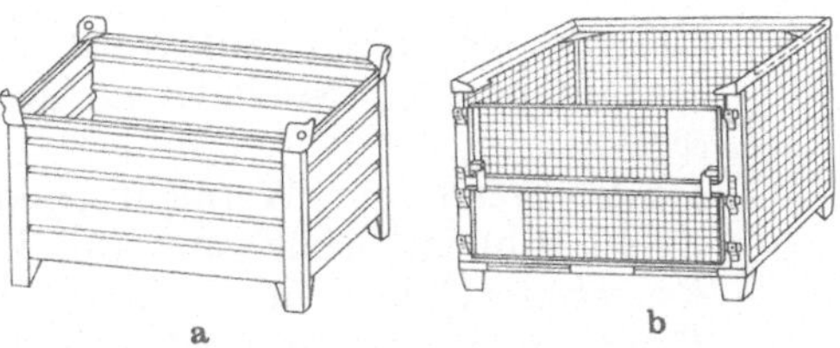

Bild 1.12a u. b. Boxpaletten. **a** Vollwandpalette, **b** Gitterboxpalette

gewicht ca. 70 kg; Poolpalettenabmessungen; bei Höhe 800 mm beträgt das Volumen 0,75 m^3.

— *Spezialpaletten* für unterschiedlichste Fördergüter (Stück- und Schüttgut, Gase und Flüssigkeiten) und mit den verschiedensten Vorrichtungen sind auf dem Markt. Die Bedeutung der Spezialpaletten zeigt eine Untersuchung der Palettenhersteller, die besagt, daß 50% des Umsatzes mit Norm- und 50% mit Spezialpaletten erzielt werden.
— *Verlorene Palette*: Zum einmaligen außerbetrieblichen Transport bestimmt (Einwegpalette) und aus billigem Material hergestellt;
— *Faßpalette* (Bild 1.13): Zur Stapelung von Fässern, für die Aufnahme von zwei oder drei Fässern; meist als Rohrrahmen gebaut;
— *Rungenpalette* (Bild 1.14): Aus einer Grundplatte und vier kräftigen Eckpfosten konstruiert als stapelbares Ladehilfsmittel für Schwer-, Sperr- und Langgut, leere und beladene nehmen den gleichen Raum ein;

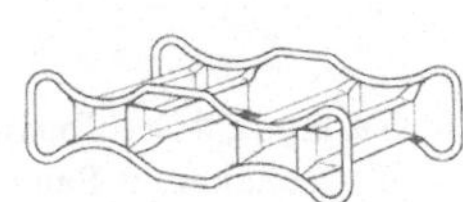

Bild 1.13. Faßpalette

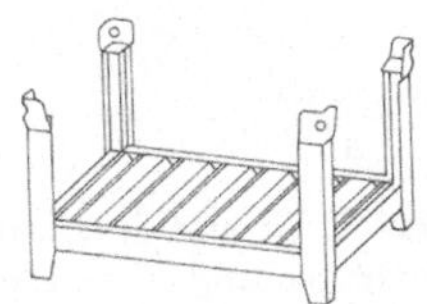

Bild 1.14. Rungenpalette ohne Kufen (Stapelgestell, Rack)

— *Langgutpalette* (Bild 1.15b): Stapelbar, transportierbar mittels Stapler und Kran, für Stabmaterial und Rohre mit kleinem bis mittlerem Querschnitt;

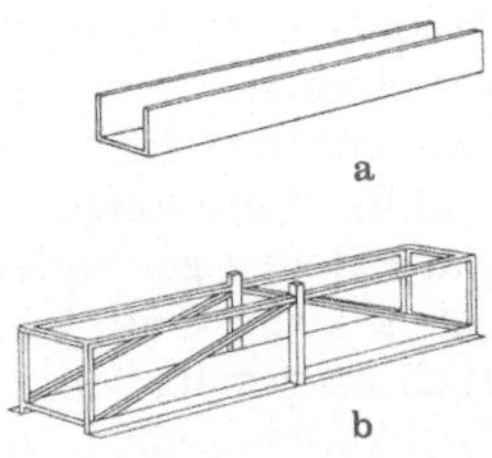

Bild 1.15a u. b. Langgutpaletten (Langgutkasetten). **a** nicht stapelbare Blechwanne, **b** stapelbare Langgutpalette

— *Langgutwanne* (Bild 1.15a): Nicht stapelbar, zur Aufnahme kleinerer Mengen und Restbestände, Einlagerungshilfsmittel für Kragarmregal;
— *Stahlboxpalette* für Warmgut (Bild 1.16a), mit Bodenentleerung (Bild 1.16b), mit Schüttwand (Bild 1.16c);
— *Rollbehälter* (Bild 1.16d);
— *Palette mit Flüssigkeitsbehälter* (Bild 1.16e).

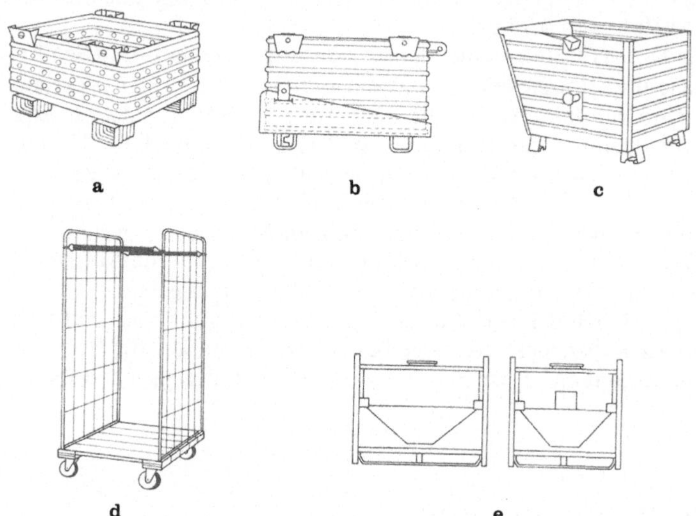

Bild 1.16a—e. Diverse Sonderpaletten. **a** Stahlboxpalette für Warmgut, **b** Stahlboxpalette mit Bodenentleerung, **c** Stahlboxpalette mit Schüttwand, **d** Rollbehälter, **e** Palette mit Flüssigkeitsbehälter

Transport- und Lagerkästen (Bild 1.17)

Sie sind als Sicht- oder Stapelkästen für Güter aller Art mit geringen Mengen und kleinem Volumen ausgebildet. Die Abmessungen sind nicht auf das Modulsystem der Pool-Palette abgestimmt. Durch Hälftelung entstehen die verschiedenen Kastengrößen. Der Werkstoff kann Kunststoff oder Stahl sein, der je nach Einsatzfall lackiert oder feuerverzinkt ist. Gelochte Kästen sind für Entfettungs-, Wasch- und Trocknungsanlagen auf dem Markt. Der glatte Boden gewährleistet guten Transport auf Rollenbahnen. Die Kästen haben keine Unterfahrmöglichkeit; über den Hubroller ist ein Transport auch im gestapelten Zustand durchführbar. Zubehör wie Zwischenwände, Lochkartentaschen, Verschlußdeckel, Tragestäbe usw. sind vorhanden.

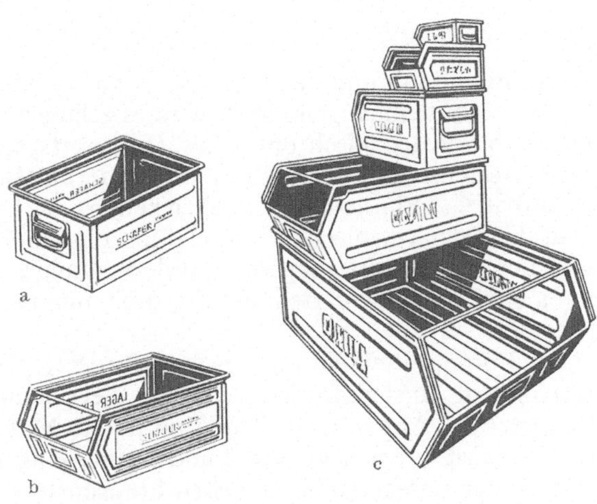

Bild 1.17a—c.
Transport- und Lagerkästen. **a** Stapelkasten, **b** Sichtkasten, **c** Kastengrößen I bis V

Container

Hierunter versteht man Großbehälter (10 bis 80 m^3) für den Direktversand Hersteller—Empfänger mit den Vorteilen:
— Kostenersparnis durch Wegfall des Umladens;
— schneller Transport;
— schneller Umschlag auf Schiff, Schienen- oder Straßenfahrzeug;
— Witterungsschutz der Güter;
— Stapelmöglichkeit bei Lagerung.

Die Ladungssicherung wird durch Verzurren an den Lochleisten in der Containerinnenseite oder mit Luftpolstersäcken erreicht. Nachteilig ist die fehlende Abstimmung auf Pool-Palettenmaße. Abmessungen: ISO R 668, Reihe 1, V-DIN 15190. Umschlaggeräte sind mit Greifrahmen (Spreader) oder Seilgeschirren ausgerüstet.

Um eine möglichst wirtschaftliche Be- und Entladung des Containers zu erzielen, ist seine Zugänglichkeit durch Stirnwandtür, Seitenwandtür, offene Seite, Plane als Dach und die Beladerichtung entscheidend. Die Befahrbarkeit des Containers mit Flurförderern ist gegeben, so daß für einlagiges Stauen palettierter Güter der Gabelhubwagen, für mehrlagiges Stauen der Gabelstapler mit Freihub eingesetzt werden können. Um zügig beladen zu können, müssen sich Transportgut und Container auf gleicher Höhe befinden. Im Binnenverkehr werden eingesetzt DB-Container, die sogenannten Open-Top-Container und Open-Side-Container mit 14 Pool-Paletten bei 20′- und 28 Paletten bei 40′-Container sowie die Flat-Racks und Faltwand-Container.

1.5.4 Fördermittel

Die Materialfluß- und Lagertechnik ist zwingend abhängig von der Fördertechnik. Nur demjenigen Planer wird es gelingen, ein wirtschaftlich, organisatorisch und technisch optimales Transportsystem zu erarbeiten, der die Fördertechnik mit ihrer Vielzahl an Fördermitteln in Vor- und Nachteilen, in Aufbau und Einsatzmöglichkeiten beherrscht. Unter Fördermittel versteht man alle Arten von mechanischen Hilfen, die dem Zweck der Mechanisierung und der Automatisierung des Fördervorganges von Gütern dienen. Mit ihren baulichen Eigenarten und Eigenschaften beeinflussen sie erheblich die Planung.

Die Fördermittel teilt man in Stetigförderer (Schütt- und Stückgutförderer) und in Unstetigförderer (Krane, gleisgebundene und gleislose Flurförderer) ein. Auf spezielle Fördermittel des Materialflusses und im Lagerbereich wird in den Kapiteln 2 und 3 eingegangen.

Fallen zu unregelmäßigen Zeiten Transporte von einer Stelle zu ein oder mehreren Zielen an, so herrscht der *Einzeltransport* vor. Sind dagegen große Gütermengen regelmäßig zu einem oder mehreren Zielen zu transportieren, wird man den *Sammeltransport* wählen. Die Schwierigkeit liegt darin, für den Einzel- oder Sammeltransport das richtige Fördermittel bei den gegebenen Randbedingungen zu ermitteln.

Unter einem *Fördersystem* versteht man den nahtlosen Transport im innerbetrieblichen Bereich mittels verschiedener Fördermittel. Dabei können Stetig- und Unstetigförderer miteinander kombiniert werden unter Zwischenschaltung von Pufferstellen. Mit anderen Worten ist ein Fördersystem eine Fördereinrichtung, die eine zwangsläufige Folge fördertechnischer Vorgänge zur Erfüllung einer oder mehrerer Förderaufgaben gewährleistet und Steuerung und Organisation beinhaltet.

Eine *Transportkette* ist die zwangsläufige Folge fördertechnischer Vorgänge innerhalb eines festgelegten Bereiches von der erstmaligen Aufnahme des Fördergutes bis zur endgültigen Abgabe. Eine unterbrochene Transportkette ist eine Kette ohne durchgehende Verwendung von einer Ladeeinheit. Von einer ununterbrochenen Transportkette spricht man, wenn die zu Ladeeinheiten zusammengefaßten Fördergüter im Laufe fördertechnischer Vorgänge unverändert als Versand-, Lager- und Transporteinheit dienen.

Die *Transportaufgabe* erwächst aus dem Förderbedürfnis und muß durch den sinnvollen Einsatz von Fördermitteln und -hilfsmitteln erfüllt werden.

Die *Transportleistung* ist als physikalische, technische und arbeitsphysiologische Größe zu sehen.

Die *physikalische* Transportleistung errechnet sich zu:

$$P = \frac{W}{t} = \frac{F \cdot s}{t} = F \cdot v \tag{1.1}$$

P Transportleistung in W,
W Transportarbeit in Nm,

F Transportkraft in N,
s Transportstrecke in m,
t Transportzeit in s,
v Transportgeschwindigkeit in m/s,

Die Transportkraft F setzt sich zusammen aus der Roll- und Gleitreibungskraft F_R, der Kraft zur Überwindung von Steigungen F_H und der Beschleunigungskraft F_A beim Anfahren:

$$F_R = m \cdot g \cdot \mu \cdot \cos \alpha \,, \tag{1.2}$$

$$F_H = m \cdot g \cdot \sin \alpha \,, \tag{1.3}$$

$$F_A = m \cdot a \tag{1.4}$$

m Transportmasse in kg,
g Erdbeschleunigung in m/s^2,
μ Reibbeiwert zwischen Rad und Fahrbahn,
α Steigungswinkel in ° ($\alpha = 0$: Horizontaltransport; $\alpha = 90°$: Vertikaltransport; $\alpha > 0$: Steigung; $\alpha < 0$: Gefälle).
a Anfahrbeschleunigung.

Damit wird die Transportleistung in kW

$$P = \frac{(F_R + F_H + F_A)\, v}{1000 \cdot \eta_{ges}} \tag{1.5}$$

η_{ges} = Gesamtwirkungsgrad.

Bei Stetig- und Unstetigförderern zum Transport von Schütt- und Stückgut versteht man unter der *technischen* Transportleistung Transportbeziehungen in Mengeneinheiten pro Zeiteinheiten: Volumen-, Massen- und Stückströme ($\dot{V}$; $\dot{m}$; $\dot{m}_{St}$). Die Fördergutströme bei Stetigförderern berechnen sich bei Schüttguttransport zu:

$$\dot{V} = 3600\, A \cdot v \quad \text{in } m^3/h, \tag{1.6}$$
$$\dot{m} = \dot{V} \cdot \varrho_s \quad \text{in t/h} \tag{1.7}$$

A Transportgutquerschnitt in m^2,
v Transportgeschwindigkeit in m/s.
ϱ_s Schüttdichte des Schüttgutes in t/m^3.

Bei Stückguttransport sind die Fördergutströme:

$$\dot{m} = 3600 \frac{m \cdot v}{l} \quad \text{in t/h,} \tag{1.8}$$

$$\dot{m}_{St} = 3600 \frac{v}{l} \quad \text{in Stck/h} \tag{1.9}$$

m Masse des Einzelstückes in t,
l Abstand der Stücke voneinander in m
(Stückgrößen sind Paletten pro Stunde, Pakete pro Stunde ...).

Bei Unstetigförderern ist der Stückstrom oder die Zahl der Arbeitsspiele pro Zeiteinheit interessant:

$$\dot{m}_e = 60 \frac{m}{t_s} \quad \text{in t/h,} \tag{1.10}$$

$$z = \frac{\dot{m}}{\dot{m}_e} \quad \text{in Anzahl Förderer} \tag{1.11}$$

$\dot{m}_e$ Massenstrom eines Förderers in t/h,
m Masse einer Transporteinheit in t,
$\dot{m}$ gesamter Massenstrom in t/h,
t_s mittlere Spielzeit in min (Be-, Entlade- und Fahrzeit).

Die bei Handtransporten, bei Sortier-, Verpackungs- und Verladevorgängen erforderliche körperliche Energie ist eine *arbeitsphysiologische* Größe, die durch Mechanisierung und Automatisierung mittels Fördermittel und Förderhilfsmittel möglichst verringert werden soll.

1.5.5 Transportmittelauswahl

Außer den in den Abschnitten 1.5.2 und 1.5.3 besprochenen Einflußfaktoren auf die Auswahl und Festlegung eines Transportmittels für eine vorgegebene Transportaufgabe sind weitere Faktoren zu berücksichtigen:

— *Fördergutstrom*: Massenstrom in t/h, Volumenstrom in m^3/h, Stückstrom in Stck/h; Gutanfall (gleichmäßig, wechselnd, stoßweise); Geschwindigkeit (konstant, regelbar, reversierbar); Betrieb (unterbrochen, stetig, ein- oder mehrschichtig);
— *Gestaltung*: Konstruktion (Baukastensystem, Leichtbauweise, Montage- und Transportmöglichkeit, Erweiterungsmöglichkeit); Bedienung; Austauschbarkeit; Wartung; Antrieb (Hand, Schwerkraft, Elektro); Energiezufuhr (Batterie, Dieselkraftstoff, Schleppkabel, Schleifleitung);
— *Förderort*: Im Freien; in der Halle (Tore, Raumhöhen, Deckentragfähigkeit, Bodenbelastbarkeit); Förderstrecke (Form, Länge, Streckenführung); Umgebungsbedingungen (Feuchtigkeit, Wind, Staub, Temperatur); Be- und Entladestellen (mechanisch, von Hand, automatisch); Anschluß an vorhandene Fördermittel und -systeme;
— *gesetzliche Bestimmungen*: Sicherheitsvorschriften (Feuer, Berührungsschutz); Arbeitsschutzbestimmungen;
— *Organisation*: Transportabwicklung (durch den Menschen mittels Bring-System oder Hol-System; automatisch, eigene Transportabteilung); Einzeltransport; Sammeltransport;
— *Investitionen, Betriebskosten*: Finanzierungsbedingungen; Personalkosten; Amortisationsdauer; Abschreibungsmöglichkeiten.

Die Vorgehensweise bei der Transportmittelauswahl oder bei der Rationalisierung des Transportes besteht zunächst im Ermitteln der benötigten Planungsgrößen, im Analysieren der Arbeitsvorgänge wie Beladen, Adressieren, Transportieren und Entladen. Aufgrund der geforderten und gegebenen Größen und Randbedingungen sind Transportmittel auszuwählen und über Wirtschaftlichkeits- und Bewertungskriterien zu optimieren. Mögliche Beurteilungskriterien für ein Fördersystem sind:

— Flexibilität, Erweiterungsmöglichkeit, Flächenbedarf;
— Automatisierbarkeit, Handhabung, Übersichtlichkeit;
— Wartungsfreundlichkeit, Störanfälligkeit;
— Bewältigung von Transportspitzen und Eilaufträgen;
— Umstellungsmöglichkeit, erforderliche Umbauten;
— Brandschutz, Unfallgefahr, Produktionsausfall;
— Ausbildungsgrad des Personals, Einsparungen;
— Investitionen, Betriebskosten, Amortisationsdauer.

1.6 Planungsablauf

1.6.1 Allgemeines

Geht man der Frage nach, welche Betriebsstellen direkt etwas mit dem Lager zu tun haben, so findet man eine Anzahl Abteilungen (Abschnitt 3.1.3), die für eine Lagerplanung gehört werden müssen, und es gibt viele inner- und außerbetriebliche Einflüsse, die zu berücksichtigen sind. Das Gesagte ist ebenso für eine Materialflußplanung gültig. Die Methode, derart komplexe Systeme zu planen, muß entsprechend systematisch aufgebaut sein, um die funktionellen Abhängigkeiten erkennen und mitverarbeiten zu können. Eine Planung durchläuft dabei die in Bild 1.18 aufgelisteten Phasen. Unter Differenzierung eines Systems in seine Elemente soll die analytische Aufgliederung in Bereiche verstanden werden, wie es das Bild 1.19 zeigt. Die Integration (Synthese) zu einem System erfolgt durch die Verknüpfung der Elemente zu funktionalen, zeitlichen und räumlichen Strukturen. Die Funktionsplanung untersucht Aufgaben, Verhalten und Verknüpfungen der Elemente.

Man muß die Materialfluß- und Lagerplanung als Teilplanung im Rahmen einer Fabrikplanung ansehen, die nicht losgelöst für sich zu planen, sondern auf eine Gesamtzielsetzung auszurichten und im Rahmen eines ganzheitlichen Konzeptes zu koordinieren ist. Eine Planung ist nur richtig, wenn sie nicht irgendwo auf dem Lösungsweg beginnt, sondern von einer durchdachten Aufgabenstellung ausgeht. Es gibt kein Kochrezept nach dem ein Lager z. B. für einen blechverarbeitenden Betrieb auszuführen ist. Dagegen gewährleistet ein methodischer Planungsablauf, der unabhängig von der Lagergröße, vom Lagertyp und von der Lagertechnik ist, ein technisch-ökonomisches System vorausschauend unter Einbeziehung von Randbedingungen, Verknüpfungen und Beschränkungen zu optimieren. Die Grobgliederung für einen derart systematisch ablaufenden Planungsprozeß kann lauten: Vorstudie, Systemplanung, Ausführung, Projektkontrolle. Die Aufteilung dieser Hauptphasen in zahlreiche Einzelschritte — möglichst universell betrachtet — soll im folgenden durchgeführt werden.

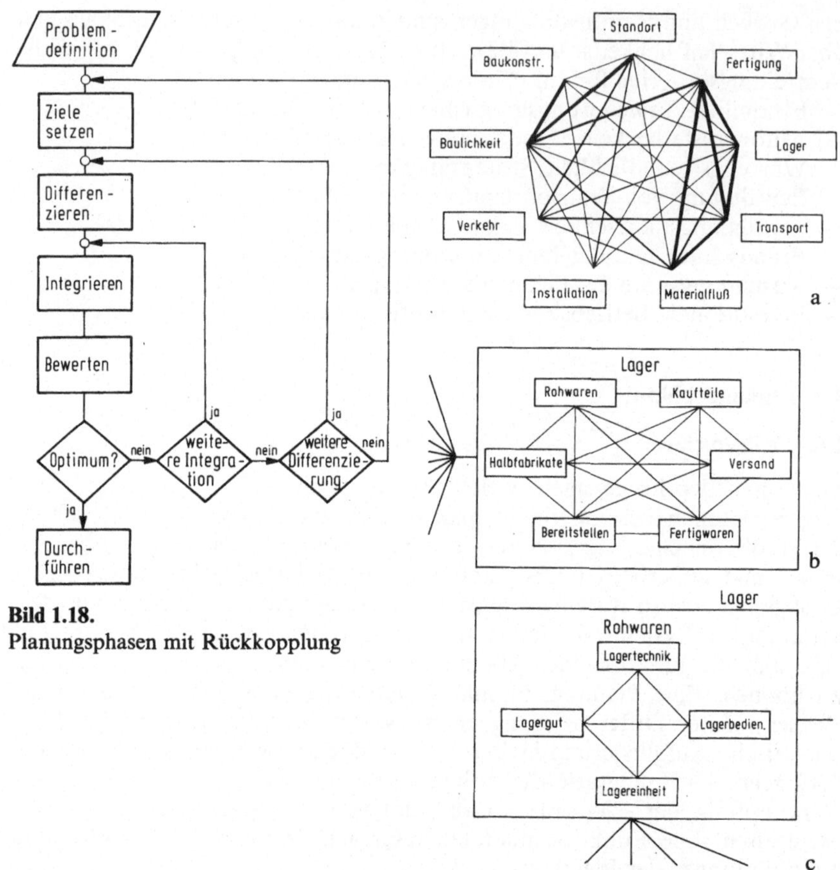

Bild 1.18.
Planungsphasen mit Rückkopplung

Bild 1.19a—c. Differenzierung eines Systems. **a** Anzahl und Verknüpfungen der Unternehmensbereiche, **b** Unterteilung des Bereiches „Lager", **c** Planungsgrößen des Rohwarenlagers

1.6.2. Vorstudie

Informationen aus dem Materialfluß- und Lagerbereich über
— Engpässe bei den Lager- und Verkehrsflächen;
— Reduzierungsmöglichkeiten bei Sortiment oder Personal;
— Höhe der Kapitalbindung im Lager;
— Kostensituation im Materialfluß;
— technische Neuheiten auf dem Gebiet der Förder- und Lagertechnik;
— Verminderungsmöglichkeiten von Wartezeiten;
— Produktionsentwicklungen, Trendermittlungen, Marktanalysen, Automatisierungsmöglichkeiten, Kapazitätssteigerungen;
— Betriebserweiterungen und -umstellungen;

— Störungen; unübersichtliche Verhältnisse im Betrieb;
— Erhöhungsmöglichkeiten der Raum- und Flächennutzung
Sie werden über die Abteilungsleiter an die Geschäftsführung gegeben und bilden mit den Zielsetzungen des Unternehmens die möglichen Aufgabenstellungen für Untersuchungs- und Planungsaufgaben.

Tabelle 1.8. Einzelschritte einer Vorstudie

0. *Planungsanstoß durch* — unternehmerische Zielsetzung — Betriebssituation — neue Technologien — behördliche Vorschriften
↓
Vorstudie
↓
1.1 *Aufgabenformulierung durch* — Problemerkennung — Problemstrukturierung — Problemabgrenzung
↓
1.2 *Untersuchung der* — Planungsnotwendigkeit — Planungsmaßnahmen — relevante Größen — Entscheidungskriterien — Planungserfolge
↓
1.3 *Entscheidung zur* — Planungstätigkeit — Art der Planungsgruppe

Zunächst müssen die Probleme erkannt, analysiert, strukturiert und in ihren Prioritäten festgelegt werden. Bevor es zu einer Planung kommt, sollte durch eine Vorstudie ihre Notwendigkeit geklärt, der Planungserfolg abgeschätzt und relevante Größen ermittelt werden, um sichere Entscheidungsunterlagen für das anstehende Planungsvorhaben zu gewinnen. Kommt es zu einer Vorstudie, ist es unerläßlich, die Zielsetzung und Aufgabenstellung mit den erforderlichen Abgrenzungen schriftlich zu formulieren. Das Ergebnis der Vorstudie ist die Entscheidung für oder gegen eine Planung. Ist die Entscheidung positiv, muß festgelegt werden, ob eine betriebseigene Planungsgruppe, ein externes, neutrales Planungsunternehmen oder eine Zulieferfirma die Gesamtplanung durchführen soll. Die Vorstudie kann nach den in Tabelle 1.8 angegebenen Einzelschritten ablaufen.

1.6.3 Systemplanung

Auf den Erkenntnissen der Vorstudie wird von der Geschäftsleitung die Planungsentscheidung begründet, die Aufgabenstellung überarbeitet, präzisiert und schriftlich fixiert. Eine Zeitvorgabe und der Planungsumfang sind festzulegen. Ein entscheidungsbefugter Verantwortlicher ist zu ernennen. In dem nächsten Schritt ist die Organisation der Planung zu planen, das Planungsteam mit der Aufgabenverteilung und den Kompetenzen jedes Einzelnen festzulegen. Die betroffenen Untersuchungsbereiche und der Betriebsrat sind frühzeitig und exakt über Zweck, Ziel und Vorgehensweise zu unterrichten. Das Termingerüst, der Genauigkeitsgrad, das Aufnahmeverfahren, die repräsentativen Größen, die erforderlichen Kontrollen und der Planungszeitraum müssen bestimmt werden.

In der Aufnahme des IST-Zustandes sind alle relevanten Daten über Betriebsunterlagen, Beobachtungen und Befragung (Abschnitt 1.3.2) zu sammeln, aufzubereiten und darzustellen. Die in Tabellen, Diagrammen und Ablaufplänen aufbereiteten Daten sind nach technischen, wirtschaftlichen und organisatorischen Kriterien zu beurteilen und zu bewerten, um daraus Engpässe, Schwierigkeiten, Mängel, Verbesserungsmöglichkeiten, aber auch positive Dinge zu erkennen. Beurteilungskriterien im Materialfluß- und Lagerbereich sind einmal Kennzahlen (Abschnitt 1.4.5) zum anderen Gesichtspunkte wie

- Standort des Lagers, Zuordnung der Betriebsbereiche;
- Art und Größe der Gebäude, Erweiterungsmöglichkeiten;
- Anpassung an Produktionsschwankungen;
- Auslastung der Fördermittel und -hilfsmittel;
- Mechanisierungsgrad, Automatisierbarkeit, Anzahl der Handtransporte;
- Flächen- und Raumnutzungsgrad;
- Kreuzungen und Gegenverkehr in Materialfluß;
- Durchlaufzeiten von Aufträgen und Eilaufträgen;
- Übersichtlichkeit, Störanfälligkeit, Unfälle, Transportgutbeschädigungen;
- Umschlagfrequenz des Lagergutes;
- Betriebskosten, Rentabilität;
- Kosten für Ein- und Auslagerung, monatliche Kosten pro Lagerplatz;
- Personaleinsparungsmöglichkeiten;
- Stand der Transport- und Lagertechnik;
- Verbindungen zwischen inner- und außerbetrieblichem Transport;
- Organisation und Steuerung des Lagerbereiches.

Tabelle 1.9. Einzelschritte einer Systemplanung

Systemplanung
↓
2.1 *Aufgabenstellung mit* — Planungsziel, -aufgabe, -umfang — schriftlicher Fixierung, Abgrenzung — Terminvorgabe — Planungsbeauftragten
↓
2.2 *Planungsorganisation mit* — Aufstellen des Planungsteams — Aufgabenverteilung, Kompetenzen — Information der Beteiligten — Festlegen des Entscheidungsausschusses — repräsentative Größen, Kontrollen — Genauigkeitsgrad, Aufnahmeverfahren — Termingerüst, repräsentativer Zeitraum
↓
2.3 *Analyse des Ist-Zustandes durch* — Ermittlung der Randbedingungen — Sichten der Unterlagen — Beobachten und Befragen — Erfassen, Aufbereiten und Darstellen der Daten
↓
2.4 *Datenauswertung durch* — Ergebnisdiskussion — Beurteilungskriterien — Bewertungsmaßstäbe — Maßnahmenkatalog
↓
2.5 *Planungs-Soll-Daten durch* — Basisgrößen, Forderungen — Randbedingungen, Fixpunkte — Trendbestimmungen, Vorgaben — Mengengerüst, Frequenzen — Sollflächen, Raumprogramm — Funktionsablaufplan (Idealschema)

Tabelle 1.9. (Fortsetzung)

↓

2.6 *Entwicklung von Alternativen durch*
- Informations- und Kreativitätstechniken
- Fachwissen, Erfahrung
- Findung von Teilsystemen und Systemalternativen
- Systemuntersuchung, Integration von Teilsystemen
- Grobdimensionierung des technischen Konzeptes
- Transportmittel- und Personalbedarf
- Investitions- und Betriebskosten
- Groblayout der Alternativen mit Transport- und Lagersystemen

↓

2.7 *Ermittlung der optimalen Alternativen durch*
- technische und wirtschaftliche Systemvergleiche
- Wirtschaftlichkeitsrechnungen
- Bewertung der Alternativen
- Auswahl der optimalen Alternative
- Entscheidung für auszuführende Alternative

Rationalisierungsmöglichkeiten mit Aussicht auf einen Rationalisierungserfolg, Änderungsvorschläge jeglicher Art, Umstrukturierungsmaßnahmen und Verbesserungen werden in einem Maßnahmenkatalog zusammengestellt, um Schwerpunkte und Prioritäten für die anstehende Planung zu gewinnen.

Die Daten der Analyse und der Geschäftsleitung werden mittels Prognosewerte auf die Soll-Daten gebracht, welche die verbindlichen Planungsdaten darstellen. Jetzt ist es möglich, das Mengengerüst, das Raumprogramm und die Sollflächen zu ermitteln. Die ideale Zuordnung der einzelnen Abteilungen nach Materialflußkriterien kann in einem Funktionsablaufdiagramm (Idealschema) erarbeitet werden.

Bei der Entwicklung der Alternativen muß es das Ziel sein, trotz der Gegebenheiten und Randbedingungen möglichst gut das Idealschema zu verwirklichen. Transportsysteme sind zu planen und zu untersuchen. Diese kreative Planungsphase ist die entscheidenste und wichtigste Phase. Das Problem liegt immer in der Findung des optimalen Systems für die vorliegenden Verhältnisse. Nicht die Ausführung, sondern die Systemplanung enthält die größten Schwierigkeiten und mit der Systemwahl liegen auch die zukünftigen Betriebskosten fest. Eine Planungsaufgabe hat immer mehrere Lösungen in Form von Alternativen, die meist als Groblayout (Maßstab 1:200) gezeichnet werden.

Aus den gefundenen und erarbeiteten Lösungsalternativen ist durch Bewertung (Abschnitt 1.2.4), durch Systemvergleich, durch Simulation oder durch Wirtschaftlichkeitsrechnung (Abschnitt 1.2.4) die optimale Lösung (Alternative) zu ermitteln. Diese Alternative stellt einen Entscheidungsvorschlag dar, denn die Entscheidung, welche Alternative letztlich zur Realisation kommt, fällt im Entscheidungsausschuß der Geschäftsleitung.

Zusammenfassend gibt Tabelle 1.9 die Einzelschritte einer Systemplanung wieder.

1.6.4 Ausführung

Ist die Entscheidung für eine Alternative gefallen, muß nachgeprüft werden, ob die gesamte Planung auf einmal oder in Stufen auszuführen ist. Dies hängt von der Finanzierbarkeit und der Notwendigkeit ab.

Der folgende Planungsschritt besteht in der exakten Durcharbeitung jedes Details (Feinplanung) als Vorstufe zur Realisierung. Nicht nur die Einrichtungslayouts sind zu zeichnen (Maßstab 1:50), sondern die Vorschriften, Auflagen, Normen und Sicherheitsfragen müssen beachtet und eingehalten werden. Obwohl der Satz „Im Detail liegt der Teufel" stimmt, kann bei einer systematischen Planung nicht vom Detail ausgegangen, sondern muß vom Abstrakten zum Konkreten geplant werden. Je sorgfältiger in diesem Planungsabschnitt gearbeitet wird, um so besser ist das Ergebnis, um so geringer sind Ärger und Schwierigkeiten. Die Feinplanung muß sich besonders der Nahtstellen und Anschlüsse im innerbetrieblichen und zum außerbetrieblichen Transport annehmen.

Für die Ausschreibung sind aus der Feinplanung die Positions-, Funktions- und Anlagenbeschreibungen zu erarbeiten, die auch die Garantiebestimmungen und Gewährleistungen enthalten müssen. Aus dem möglichen Anbieterkreis sollten an ca. 6 bis 8 Firmen die gleichen, neutral gehaltenen Anfragen geschickt werden, wobei auch Montage- und Lieferzeiten, Zahlungsbedingungen und Zulieferfirmen zu erfragen sind.

Tabelle 1.10. Einzelschritte einer Ausführung

Ausführung
↓
3.1 *Baustufenplan nach* — Erfordernis, Notwendigkeit — Finanzierbarkeit — Anzahl der Baustufen
↓
3.2 *Feinplanung von* — Realplan (ausgewählte Alternative) — Transport- und Lagersysteme

Tabelle 1.10. (Fortsetzung)

- Detail- und Einrichtungsplanung
- Fundament- und Aufstellungsplan
- Sicherheitsfragen, Vorschriften
- Steuer- und Regelungsanlagen
- Eigen- und Fremdfertigung
- Bauabschnitte, Nahtstellen

↓

3.3 *Auftragsvergabe über*
- Positions-, Funktions- und Anlagenbeschreibung
- Garantiebestimmungen, Gewährleistung, Abnahmebestimmungen
- Prüf- und Genehmigungsverfahren
- Leistungsverzeichnis, Ausschreibung, Angebote
- Angebotsauswertung und -vergleiche
- Auftragsverhandlungen und -erteilung
- Konventionalstrafe

↓

3.4 *Realisierung durch*
- örtliche Fachbauleitung
- Lieferungs- und Montageüberwachung
- Qualitäts- und Terminkontrolle
- Koordination von Fremd- und Eigenleistung
- Nahtstellenprüfung; Teilabnahmen
- Personalschulung
- Umzugsplanung
- Probelauf, Funktions- und Leistungskontrolle
- Inbetriebnahme, Abnahme, Übernahme und -protokoll
- Wartungs- und Reparaturorganisation

Baut man die Anfrage geschickt auf, erreicht man durch Abschneiden und Nebeneinanderkleben der Antworten einen schnellen und objektiven Angebotsvergleich. Auch hier gilt: je detaillierter die Fragen, um so präziser die Antworten, um so geringer das Risiko, um so einfacher die Firmenauswahl. Das Ergebnis des Angebotsvergleiches sollte dazu führen, mit zwei bis drei Firmen die Auftragsverhandlungen über technische, finanzielle und organisatorische Einzelheiten aufzunehmen, um den „besten" Anbieter mit der Ausführung beauftragen zu können. In Tabelle 1.10 sind mögliche Einzelschritte der Ausführungsphase zusammengestellt.

1.6.5 Projektkontrolle

Ist das Lager- oder Materialflußsystem ausgeführt und in Betrieb genommen, fällt der Projektkontrolle (Tabelle 1.11) die Aufgabe zu, den Planungserfolg zu ermitteln, alle aufgetretenen Kosten zusammenzutragen und einen Gesamtbericht über den Projektablauf zu verfassen. In der ersten Anlaufzeit (ca. 6 bis 8 Monate) ist besonderes Augenmerk auf Störungen zu richten, um Fehlerquellen zu entdecken. Außerdem ist auf Garantiezeiten zu achten.

Tabelle 1.11. Einzelschritte einer Projektkontrolle

Projektkontrolle
↓
4. *Projektkontrolle durch* — Kontrolle der Zielerfüllung — Nachkalkulation, Endabrechnung — Bestimmung des Planungserfolges — Rationalisierungseffekt — Humanisierung des Arbeitsplatzes — Garantieüberwachung — Erfahrungsberichte, Dokumentation

Grundsätzlich gilt für den aufgezeigten Planungsablauf, daß er den jeweiligen Aufgaben und Bedingungen angepaßt werden muß. Einzelschritte und Phasen können ganz oder teilweise entfallen bzw. geändert oder ergänzt werden. Die Reihenfolge ist nicht ohne weiteres austauschbar, allerdings sind einige Schritte parallel nebeneinander bearbeitbar. Mögliche und sinnvolle Zäsuren bei einer Planung liegen nach der Vorstudie und nach der Systemplanung, so daß nach dieser Einteilung auch die Vergabe der Planungsabschnitte und fällige Honorarzahlungen für Planungsfirmen liegen.

2 Planung des Materialflußsystems

2.1 Allgemeines

2.1.1 Definition, Bereiche, Bedeutung

Nach der VDI-Richtlinie 3300 ist unter dem Materialfluß (MF) die Verkettung aller Vorgänge beim Gewinnen, Be- und Verarbeiten sowie bei der Verteilung von stofflichen Gütern innerhalb festgelegter Bereiche zu verstehen. Die Verkettung ist sowohl in ihrer räumlichen und zeitlichen, wie auch in ihrer organisatorischen und dispositiven Form zu betrachten. Zum MF gehören alle Formen des Durchlaufes von Arbeitsgegenständen durch ein System z. B. Material, Datenträger oder Stoffmengen. Der Begriff „Materialfluß" beinhaltet:

— Die Struktur des MF mit Hilfe der Förder- und Lagertechnik;
— die Material- und Stoffmengen als Volumen-, Masse- oder Stückströme.

Der MF umfaßt alle Funktionen des Transportes, des Lagerns und des Verpackens von Gütern. Seine Planung hat das Ziel, die MF-Bewegungen zu reduzieren durch direkten und schnellen Transport von der Gewinnung über die Verarbeitung bis zum Abnehmer.

Die Grundaufgabe des automatisierten MF ist es, das richtige Teil zur richtigen Zeit an den richtigen Ort zu bringen. Daher muß ein MF-System aus den Elementen Organisation, Disposition, Technik, Kosten und Kontrolle bestehen. Durch ein integriertes MF-System mit moderner Förder- und Lagertechnik ist ein billiges und schnelles Fördern und ein rationelles Lagern möglich.

Größer werdender Güterumschlag, zunehmende Sortenvielfalt, wachsende Personal- und Betriebsmittelkosten zwingen alle Unternehmen zur Optimierung des MF. Die fortschreitende Automatisierung von Transport- und Lagervorgängen hat die Bedeutung des MF für die Funktionsfähigkeit des Betriebes nicht verringert. Der MF läßt sich in die Tätigkeiten: Bearbeiten, Prüfen, Handhaben, Transportieren, Aufenthalt und Lagern aufgliedern. Außerdem sind zu unterscheiden:

— Der außerbetriebliche (externe) MF;
— der innerbetriebliche MF, der wiederum in den betriebsinternen, den gebäudeinternen und in den Arbeitsplatz-Bereich aufgeteilt werden kann.

Zusammen mit dem Informations-, Personal- und Energiefluß bildet der MF die Grundlage jeder Fabrikplanung. Seine Bedeutung

— liegt in der quantitativen und qualitativen Größe für die Fabrikplanung und deren Teilbereiche;

— läßt sich ablesen an den innerbetrieblichen MF-Kosten, die ein wesentlicher Kostenfaktor des Betriebes sind;
— zeigt sich als Schwerpunkt von Rationalisierungsmaßnahmen in Industriebetrieben;
— spiegelt sich wieder in der ständigen Mechanisierung und Automatisierung der Transport-, Lager- und Handhabungsvorgängen.

2.1.2 Einflußfaktoren, Kosten

Auf den MF und damit direkt auf die MF-Kosten haben räumliche, fertigungs-, förder- und lagertechnische, organisatorische, personelle und dispositive Faktoren einen Einfluß. Im einzelnen sind aufzuzählen:
— Standort: Gelände (Form und Beschaffenheit des Grundstückes), Verkehrswege (Straße, Wasser, Bahn), Markt (Entfernungen zu den Rohstoffen, zu den Absatzkunden), Arbeitskräfte, Energie, Wasser, Behörden;
— Gebäude: Form (Flach-, Geschoß- oder Hallenbau), Stützenraster, Deckentragfähigkeit;
— Zuordnung der Gebäude: Länge der Verbindungswege;
— Lager: Zentrale oder dezentrale Lagerung, Lagertechnik, Lagersystem, Kommissioniersystem;
— Sortiment: Umfang, Art, Stückzahl, Losgröße, Saisonartikel, Zukaufteile;
— Fertigungsart: Einzel-, Serien- oder Massenfertigung;
— Fertigungsverfahren: Art und Auslastung der Maschinen, Mechanisierungs- und Automatisierungsgrad;
— Zuordnung der Betriebsmittel: Baustellen-, Werkstätten- oder Erzeugnisprinzip;
— Transportgut: Art, Volumenstrom, Stückstrom;
— Transportweg: Streckenführung, Horizontal- und Vertikaltransport;
— Transportmittel: Stetig- und Unstetigförderer, Auslastung;
— Organisation des Transportes: Zentral oder dezentral;
— Personal: Hilfsarbeiter, Angelernte, Facharbeiter;
— gesetzliche Bestimmungen: Unfallverhütungsvorschriften, Lärmbegrenzung, Sicherheitsvorschriften.

Die exakten MF-Kosten sind in den meisten Betrieben nicht zu bekommen, da sie oft in den Fertigungsgemeinkosten oder in anderen Kostenarten untergehen. Führt z. B. ein Facharbeiter eine Transportarbeit aus, so werden diese Kosten meist nicht dem MF zugeordnet. Zu dem MF-Kosten sind nicht nur die eindeutigen Transport- und Lagerkosten zu zählen, sondern auch transportbedingte Produktionsverluste wie Stillstandszeiten, Transportschäden und Transportunfälle. Rechnet man die MF-bedingten Personal-, Raum-, Transport- und Kapitalkosten, sowie die Transportmittel- und Lagereinrichtungskosten zusammen, so betragen die MF-Kosten ca.:
— Je nach Produkt 20 bis 60% der Selbstkosten;

— in der metallverarbeitenden Industrie ca. 12% des Jahresumsatzes, ca. 40% der Lohnkosten, ca. 22% der Fertigungskosten;
— bezogen auf den Umsatz ca. 32% in der Nahrungsmittelindustrie, ca. 24% in der chemischen Industrie, ca. 18% in der Papierindustrie, ca. 16% in der Textilindustrie.

Die VDI-Richtlinie 3330 definiert und zergliedert die MF-Kosten und zeigt mit Hilfe eines MF-Kostenbogens eine Erfassung und Auswertung der MF-Kosten auf (siehe auch VDI-Richtlinien 2371, 2691, 3594).

Eine MF-Untersuchung und MF-Planung erwächst einmal aus der betrieblichen MF-Kostensituation, zum anderen durch neue Marktbedingungen:
— Soziotechnischer Art: Lohnsteigerung, Arbeitszeitverkürzung, veränderte Ansprüche an den Arbeitsplatz (weg vom Fließband);
— absatztechnischer Art: Typen- und Variantenvielfalt, Kurzlebigkeit des Produktes, Qualitätsverlangen, Produktpreis;
— fertigungstechnischer Art: Trend von Massen- zur Serienfertigung, mechanisierte und automatisierte Fertigungseinrichtungen.

Diesen Forderungen kann nur ein automatisiertes MF-System gerecht werden, darunter ist ein System zu verstehen, daß ohne manuelle Eingriffe die Fördergüter begleitfrei transportiert, ein- und auslagert. Voraussetzung hierfür ist ein integriertes MF-System, das sich aus flexiblen, autarken, dezentralen Teilsystemen aufbaut.

2.1.3 Planungsablauf

Bei der Gesamtplanung eines MF-Systems bringt eine systematische Vorgehensweise eine Reihe von Vorteilen. Der wichtigste ist darin zu sehen, daß der Planer gezwungen wird, vor dem Handeln zu denken und anstehende Tätigkeiten auf Notwendigkeit hin zu überprüfen. Dadurch können
— der Umfang der Untersuchung verringert;
— die Anzahl möglicher Systemvarianten verkleinert;
— Fehlinvestitionen verhindert;
— Betriebsausfälle reduziert;
— das Risiko einer Fehlplanung vermindert werden.

Unabhängig von der Art des Unternehmens kann die Gesamt-MF-Planung in die vier Hauptphasen MF-Untersuchung, eigentliche MF-Planung, Ausführung der Planung und Inbetriebnahme zerlegt werden. Die weitere Detaillierung und Untergliederung, die Tiefe und der Umfang dieser Hauptphasen hängt von verschiedenen Faktoren ab wie
— Zielsetzung und Größe des Projektes, z. B. Verbesserung der Durchlaufzeiten, Erhöhung des Automatisierungsgrades, Vergrößerung der Auslastung der Fördermittel, Beseitigung von Engpässen, Vermeidung von Wartezeiten usw.;
— Art der Planung, z. B. Neu-, Erweiterungs-, Sanierungs- oder Rationalisierungsplanung;

— Art der Vorleistung, z. B. Umfang und Brauchbarkeit vorliegender und vorgegebener Planungsdaten, Bau- und Einrichtungsplänen, festgelegter Randbedingungen und Prioritäten.

Zu einer MF-Gesamtplanung gehören die komplexen Aufgabengebiete Transportieren, Umschlagen, Lagern, Sammeln und Verteilen.

2.2 Materialflußuntersuchung

2.2.1 Allgemeines

Da jede Aktivität in Richtung MF-Untersuchung mit Zeit- und Kostenaufwand verbunden ist, sollen vorher Überlegungen aufgestellt werden mit dem Ziel, bereits einen gewissen Rationalisierungserfolg einkalkulieren zu können. Es wäre falsch, von vorne herein eine Gesamt-MF-Planung in Auftrag zu geben, sondern schrittweise Auftragserteilung mindert das Risiko von Fehlinvestitionen. Erst nach der Beurteilung einer MF-Untersuchung, nach Abschätzung des Planerfolges und nach Kenntnis der entstehenden Planungskosten ist es sinnvoll zu entscheiden, ob eine MF-Planung in Auftrag gegeben wird.

2.2.2 Untersuchungsschwerpunkte

Auslösende Faktoren für eine MF-Untersuchung sind nicht nur Schwachstellen in einem Betrieb, die zu sichtbaren Mißständen führen wie
— Engpässe, Kreuzungen, Gegenverkehr;
— überfüllte Warenein- oder -ausgangsbereiche sowie Läger;
— Wartezeiten an den Schnittstellen, z. B. Rampe;
— Unfälle, Beschädigung des Transport- und Lagergutes;
— mangelnde Übersichtlichkeit im Lager- und Transportbereich;
— schreibintensive Belegorganisation;
— herumstehende Fördermittel und Förderhilfsmittel;
— schlechte Höhennutzung im Lager;
— viele Eilaufträge oder Einzeltransporte;
sondern MF-Untersuchungen werden auch erforderlich durch Kontrollen, Größenvergleiche, neue gesetzliche Bestimmungen oder Beschlüsse der Geschäftsleitung wie
— Betriebserweiterung der -verlagerung, Gründung eines Zweigwerkes;
— Erhöhung des Automatisierungsgrades;
— Ermittlung des wirtschaftlichen Förderhilfsmittels und der sinnvollsten Ladeeinheit;
— Verminderung der Kapitalbindung im Lager;
— Verbesserung des Flächen- und Raumnutzungsgrades;
— Verluste statt Gewinn im Unternehmen oder bei einer Abteilung;
— Bestimmungen über Arbeitssicherheit;
— neue und spezielle Fördermittel für Transport und Lagerung.

2.2.3 Vorgehensweise

Das methodische und systematische Vorgehen bei einer MF-Untersuchung kann nach den Ausführungen in Kapitel 1 entsprechend Tabelle 1.8 ablaufen. Eine mögliche Gliederung dieser ersten Projektphase könnte Vorbereiten, Durchführen, Beurteilen und Entscheiden sein.

Das Vorbereiten der MF-Untersuchung ist besonders wichtig und stellt die „Planung" der MF-Untersuchung dar. Tätigkeiten des Vorbereitens sind:

— Schriftliche Formulierung der Zielsetzung und Aufgabenstellung mit Abgrenzung;
— personelle und organisatorische Bestimmung wer, was mit welcher Verantwortlichkeit bearbeitet;
— zeitliche Gliederung der Untersuchung;
— Informieren aller Beteiligten;
— Festlegen der Untersuchungsgenauigkeit, des Untersuchungszeitraumes, der repräsentativen Untersuchungsgrößen und der Aufnahmeverfahren.

Bei der Durchführung der MF-Untersuchung werden die relevanten Daten erfaßt (Abschnitt 1.3), verarbeitet, ausgewertet und sinnvoll dargestellt (Abschnitt 1.4).

Das sich anschließende Beurteilen dient dazu, alle Größen und Erkenntnisse aus der vorangegangenen Untersuchung durch Vergleich, Kritik und Gegenüberstellung von Vor- und Nachteilen zu diskutieren, zu beurteilen und zu begutachten. Darauf aufbauend können Folgerungen und Maßnahmen in einen Katalog zusammengefaßt werden. Bevor es aber zu einer Neuplanung des MF kommt, muß die Geschäftsleitung eine positive Entscheidung treffen auf der Grundlage einmal der Ergebnisse der MF-Untersuchung, zum anderen der vorbereiteten Aufgabenstellung, der Termin- und Kostengrößen der anstehenden MF-Planung. Das Entscheidungsgremium muß sich immer der Aufgabe der MF-Planung bewußt werden, die heißt, das richtige Verhältnis zwischen Bevorratung und Kapitalbindung, zwischen Fertigungszeit und Lagerzeit, zwischen Losgröße und Lieferbereitschaft zu finden, also den MF zu verdichten und zu verkürzen (siehe VDI-Richtlinien 2492, 2689, 3300, 3300a, 3596).

2.3 Materialflußplanung und Ausführung

2.3.1 Allgemeines

Hat die MF-Untersuchung mit ihren Daten, Ergebnissen und Beurteilungen die Entscheidung herbeigeführt, die Neugestaltung des MF durchzuführen, so kann die Planung des MF beginnen. Zunächst wird der MF-Planer die Basisdaten aus der Analyse auf ihren Genauigkeitsgrad und Aussagewert hin überprüfen und eventuell kurze Ergänzungsaufnahmen durchführen lassen. Alle Daten sind mit den von der Geschäftsleitung vorgegebenen

Schätzwerten auf die Zukunft hin in Solldaten umzusetzen. Randbedingungen, Beschränkungen und Prioritäten bilden mit den Solldaten das Basismaterial für die MF-Planung.

2.3.2 Materialflußformen, Planungsgrundsätze

Welche der nach Bild 2.1 ausgebildeten MF-Form für eine Planung benutzt wird, hängt von einer Reihe von Faktoren ab wie z. B.

- der Geländeform im Betriebsbereich (eben, Gefälle);
- dem Planungsbereich im innerbetrieblichen MF (Abteilung, Halle, Stockwerksbau, Gesamtbetrieb);
- der Fertigungsart (Einzel-, Serien-, Massenfertigung);
- der Fertigungsform (Baustellen-, Werkstatt-, Gruppenprinzip);
- dem Produktumfang (viele Produkte mit vielen oder wenigen Bearbeitungsstationen, ein Produkt mit vielen oder wenigen Bearbeitungsstationen);
- der Planungsart (Rationalisierungs-, Erweiterungs-, Neuplanung).

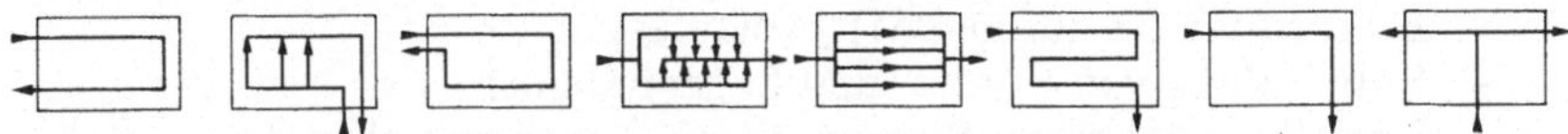

Bild 2.1. Diverse Materialflußformen

Bevor der MF-Gestalter mit seiner Planungsaufgabe beginnt, sollte er sich einmal Klarheit darüber verschaffen, welche MF-Formen aufgrund der Gegebenheiten möglich sind und zum anderen sollte er sich die Gestaltungsgrundsätze ins Gedächtnis rufen, um möglichst diese Zielvorstellungen in seiner Planung zu verwirklichen. Solche Grundsätze sind:

- Kurze Transportwege und Durchlaufzeiten anstreben;
- wirtschaftliche Transporteinheiten bilden;
- flexible, automatisierbare Lösungen erarbeiten;
- Fördermittel mit guter Auslastung und hohen Geschwindigkeiten einsetzen;
- Umladevorgänge vermeiden, Fördervorgang mit Fertigungsvorgang verbinden;
- Fördergut möglichst selten bewegen;
- Handtransporte vermeiden, Schwerkraft ausnützen;
- MF ohne Gegenverkehr und kreuzungsfrei anstreben;
- Anschlußgrößen, Schnittstellen und Übergabestellen auf reibungsfreien Transport überprüfen und zweckmäßig verknüpfen;
- sinnvolle und transparente Organisation festlegen;
- Förder- und Lagersysteme möglichst im Baukastensystem mit guter Zugänglichkeit zu auswechselbaren Bauteilen ausführen;

— Zukunftsgrößen und Erweiterungsrichtungen bedenken;
— Kapitalbindung z. B. im Lager möglichst klein halten.

Bei der MF-Planung muß der Gestalter immer das Planungsziel vor Augen haben und versuchen, dem Idealzustand möglichst nahe zu kommen.

2.3.3 Vorgehensweise

Es muß zunächst versucht werden, losgelöst von jeglicher Beschränkung oder Randbedingung einen idealen MF-Plan aufzustellen, den es für die folgende Planung möglichst zu erreichen gilt. Der Ablauf zur Findung sinnvoller Lösungen für eine gestellte Aufgabe ist von der methodischen Vorgehensweise aus nach den Überlegungen in den Abschnitten 1.6.3 bis 1.6.5 ohne weiteres durchführbar. Diese gegebene Hilfe darf nicht als starres Gerüst aufgefaßt werden, sondern muß den Gegebenheiten des Unternehmens, der Zielsetzung, den vorliegenden Randbedingungen usw. angepaßt, durch Auslassung oder Hinzufügen von Schritten aufgabengerecht umgeformt werden. Ein methodischer Ablauf erfordert eine

- MF-Planung mit
  - Zusammenstellung der Solldaten;
  - Erarbeitung des idealen MF-Ablaufes;
  - Entwicklung von Förder- und Lagersystemen;
  - Ermittlung des besten Systems über Kostenvergleich und Bewertungskriterien;
  - Detaillierung des ausgewählten Gesamtsystems;
- Ausführung mit
  - Festlegung von Fremd- und Eigenleistung;
  - Aufstellung des Leistungsverzeichnisses;
  - Anfragen über Ausschreibungsunterlagen;
  - Vergleich der Angebote;
  - Auftragsvergabe nach Verhandlung;
  - Kontrolle von Montage und Terminen;
- Inbetriebnahme mit
  - Planung der Umstellung auf neues MF-System;
  - Personalschulung;
  - organisatorische, technische und terminliche Umzuggrößen;
  - Abnehmen und Übernehmen des Gesamtsystems;
  - Durchführung der Revision, Erfolgskontrolle.
    (Siehe VDI-Richtlinien: 2385, 2498, 2696, 3596).

2.4 Planungshinweise und Beispiele

Durch die folgenden Hinweise und Beispiele sollen MF-Ausführungen mit dem Ziel aufgezeigt werden, daß ein integrierter MF durch automatisierte Förder- und Lagertechnik helfen kann kostengünstig zu produzieren, personalarm zu transportieren, sinnvoll zu lagern und wirtschaftlich zu verteilen.

Bei der Auslegung und Dimensionierung von MF-Systemen ist immer das schwächste Glied maßgebend für den Stückstrom pro Stunde, so daß die dem schwächsten Glied vorgeschalteten Systeme entsprechend ausgelegt werden müssen. Enthält z. B. ein MF-System für Pool-Paletten einen Senkrechttransport mittels Etagenförderer, so ist dessen Stückstrom pro Stunde ($\dot{m}_{St}$) 60 Paletten. Ein vorgeschalteter Tragkettenförderer ($\dot{m}_{St} = 150$) oder eine angetriebene Rollenbahn ($\dot{m}_{St} = 150$) muß sich danach richten z. B. durch entsprechenden Abstand oder Geschwindigkeit. Wird der waagerechte Transport durch einen Verschiebewagen oder einen Verschiebehubwagen unterbrochen, so können nur 80 bzw. 60 Paletten pro Stunde gefördert werden (vgl. Bilder 2.7 und 2.8).

Beispiel 2.1: Palettentransport mittels Kran

Wäre z. B. ein Gabelstapler in einem mit einem Laufkran bedienten Blechlager schlecht ausgelastet oder sind keine entsprechenden Verkehrswege vorhanden, so gäbe es die Möglichkeit, Paletten mit einer Krangabel (Bild 2.2; Tragfähigkeit bis 8 t) oder Coils mit einem C-Haken (Bild 2.3; Tragfähigkeit bis 4 t) zu transportieren. Diese Vorrichtungen werden an den Haken eines Laufkranes eingehängt, Ausgleichsfedern bewirken ein sanftes Anheben und sorgen für eine stets lotrechte Lage des Transportgutes.

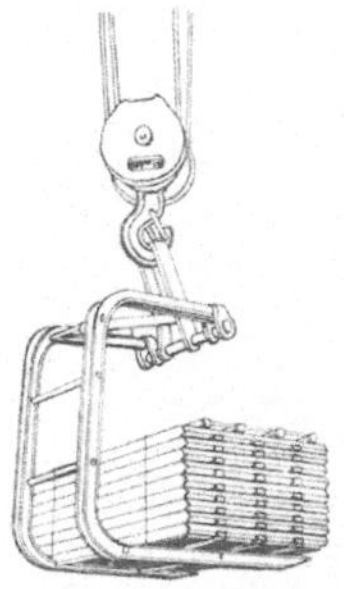

Bild 2.2. Krangabel mit gebündeltem Langgut

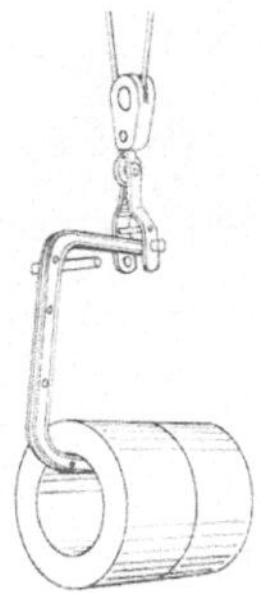

Bild 2.3. C-Haken mit Coil

Beispiel 2.2: Darstellung der Förder- und Lagertechnik in einem Warenverteilzentrum

Das Bild 2.4 gibt die Förder- und Lagertechnik eines Warenverteilzentrums wieder. Man erkennt den Automatisierungsgrad an der Vielzahl und Art der Fördersysteme (Rollenbahnen, Kreisförderer, Schleppkettenförderer) und den Raumnutzungsgrad an der Art der Lagersysteme (Hochraumlager, Flachhochlager, Kommissionierlager mit Bedienung durch ein Regalförderzeug). Die einzelnen Zahlen bedeuten:

1 Wareneingangszone. Förderer zur Lkw-Entladung und Transport der Waren zu den verschiedenen Lagerzonen.

2 Sortierzone. Angeförderte Stückgüter werden palettiert und mit Staplern zum Einlagerungsförderer des Hochraumlagers transportiert.
3 Hochraumlagerzone. Auf Rollenförderern zugeführte Ladeeinheiten durchlaufen eine Palettenprüfeinrichtung, werden identifiziert und von den Regalbediengeräten eingelagert.
4 Freistapelzone. Für großvolumige Güter, die nicht in Regalfächern unterzubringen sind.
5 Kühlraumzone. Ein Regalbediengerät mit Umsetzeinrichtung lagert die über Schleppkettenförderer zugeführten Kühlgüter ein.
6 Kommissionierlagerzone. Manuell gesteuerte Regalbediengeräte übernehmen die aus dem Hochraumlager zugeführten Ladeeinheiten und beschicken die Greifzone des Kommissionierlagers von der rückwärtigen Regalseite. Die Waren werden auf zwei Kommissionierebenen in kodierten Sammelbehältern zusammengestellt.
7 Packereizone. Stetigförderer transportieren die Sammelbehälter vom Kommissionierlager zu den Packplätzen. Ein Umlaufförderer versorgt die Packerei mit den erforderlichen Kartonagen.
8 Versandzone. Nach Aufträgen und Fahrrouten geordnet kommen die Waren aus der Packerei und werden auf Pufferstrecken bereitgestellt. Kühlwaren, großvolumige Güter aus der Freistapelzone und ganze Ladeeinheiten aus dem Hochraumlager werden direkt zur Versandzone transportiert.

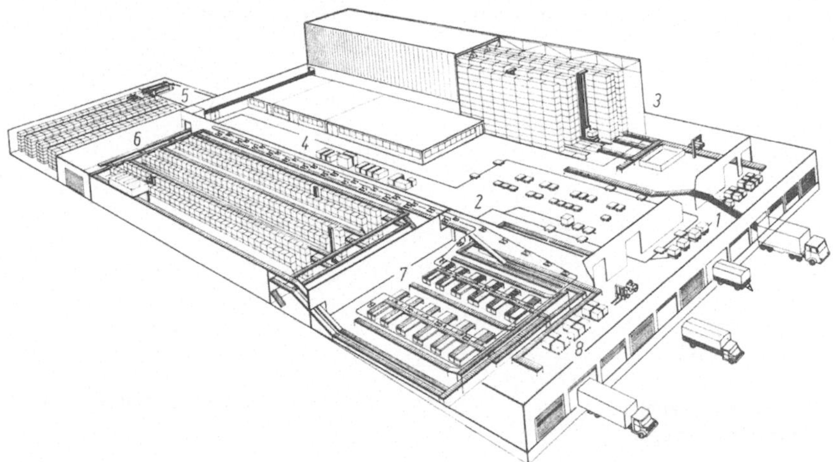

Bild 2.4. Warenverteilzentrum mit Lager-, Transport- und Verteiltechnik (Zahlenangaben siehe Text)

Beispiel 2.3: Förderhilfsmittel Palette

Welche Eigenschaften muß eine Palette haben, um im automatischen Transport eingesetzt werden zu können? Je nach Transportgut, Transportmittel, Lagersystem und Randbedingungen wie klimatisierter Raum, Reinigung, Rücktransport usw. sind zu nennen:
— Toleranzgenau, verwindungssteif, hohe Belastbarkeit beim Transport auf Gabel oder Lagerung im Stapel;

- splitterfrei, keine oder nur geringe Feuchtigkeitsaufnahme, nicht brennbar, flammwidrig, leicht waschbar, desinfizierbar;
- platzsparend, ineinanderschachtelbar, stapelbar;
- umweltfreundlich, geringes Eigengewicht;

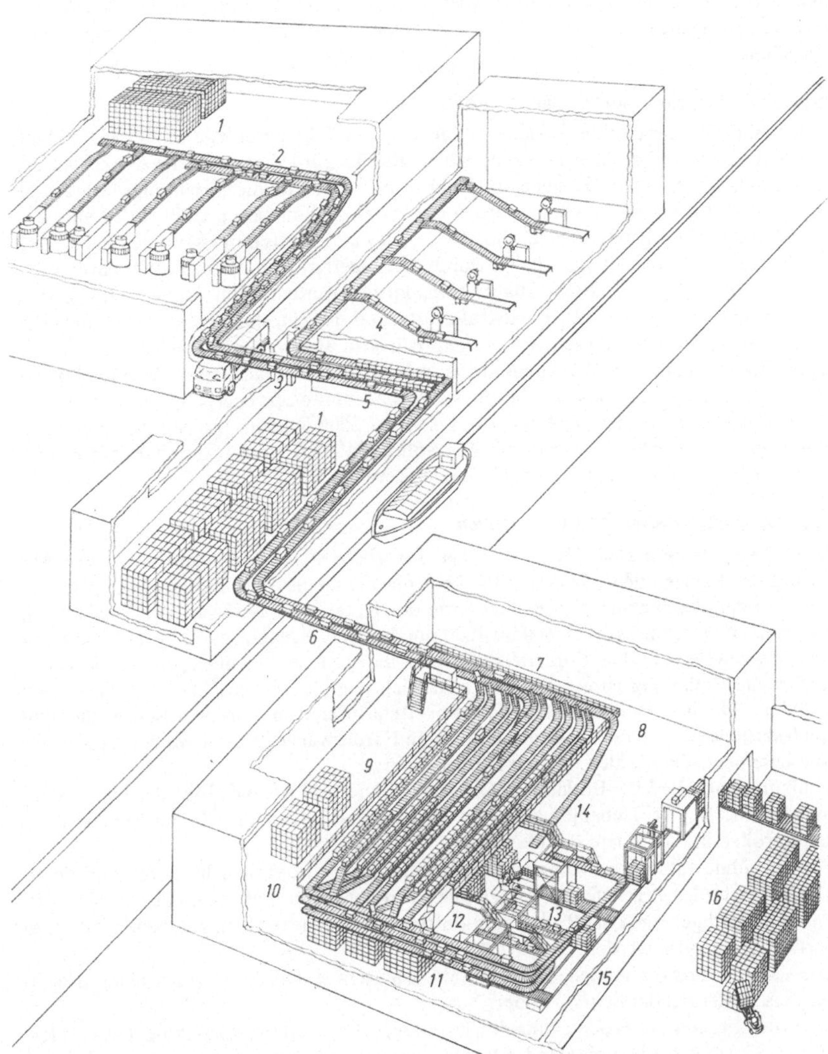

Bild 2.5. Isometrische Darstellung einer Speicher-, Sortier- und Palettieranlage für einen Stückstrom von 6000 Kartons pro Stunde (Zahlenbedeutung siehe Text)

— rutschfeste Lade- und Auflageseite;
— Konstruktion: Ein-, Zwei- oder Vierwegpalette;
— transportierbar mit Gabelstapler, über Rollenbahn, über Kettenförderer, mittels Plattenformniederhubwagen.

Ein Teil dieser Eigenschaften ist vom Werkstoff und der Konstruktion der Palette abhängig. Für den Planer ist es unbedingt erforderlich, sich im Planungsstadium bei der Auswahl des Förderhilfsmittels Palette über Art, Konstruktion, Abmessungen, Werkstoff, Gedanken zu machen, um nachher im Betrieb keine Störungen durch das Förderhilfsmittel zu erhalten.

Beispiel 2.4: MF einer Sortier- und Palettieranlage

Die im Bild 2.5 dargestellte Speicher-, Sortier- und Palettieranlage stößt 6000 Pakete pro Stunde aus, was 100 Paletten ergibt, wobei gleichzeitig 15 verschiedene Artikel laufen. 1 (oben links) bezeichnet ein neues und ein altes Packhaus, die durch eine Fahrstraße getrennt sind. Im neuen Packhaus werden die Produkte von sieben Füllstraßen auf zwei Sammelbänder (2) geleitet, die über Gurtförderer (3 und 5) zusammen mit den Produkten der Packmaschinen der alten Halle (4) durch die Lagerhalle für Verpackungsmaterial (1) über den Kanal (6) in das Sammellager transportiert werden. Drei Packmaschinen sind der einen und vier der anderen Bandstraße aufgrund der einzelnen Paketstückzahlen der Maschinen zugeteilt. Auf diesen vier Packstraßen wird also so viel verpackt, wie auf allen anderen im neuen und alten Packhaus vorhandenen Anlagen. Nach Passieren einer Abtaststation gelangen die Kartons auf die für sie vorbestimmte Speicherbahn (7) und werden von den Palettiermaschinen (8, 9 und 10), Leistung: 2600 Kartons pro Stunde, nach Vollmeldung der Speicherbahn abgerufen. Die vollen Paletten werden durch Förderer (12) in das Blocklager (13) transportiert und eingelagert.

Beispiel 2.5: Materialfluß von Papierrollen

Der im Bild 2.6 dargestellte MF zeigt den innerbetrieblichen Transport von der Anlieferung der Papierrollen mit dem Lkw über Gewichtskontrolle, Pufferlager, Auspackstation bis zur Beschickung der Rollensterne der Rotationsmaschinen. Die Papierrollen besitzen einen Durchmesser von 600 bis 1070 mm bei einer Breite von 480 bis 1440 mm und einem Gewicht bis 0,8 t. Die Förderleistung der Anlage ist auf 90 Rollen pro Stunde ausgelegt. Für die Entladung ist ein Mann erforderlich (Entladezeit des Lkw mit Anhänger: ca. 20 bis 30 min). Der Unterflur-Schleppkettenförderer mit automatischen Be- und Entladestationen ist 205 m lang und enthält 36 Förderwagen. Damit werden 16 Rollensterne beschickt. Die Zahlen im Bild 2.6 bedeuten:

1 Halbautomatische Lkw-Entladung. Die Hebebühne wird auf die Höhe der Ladebrücke angehoben. In der Hebebühne ist ein Plattenband eingebaut. Es transportiert die Papierrollen in das Innere des Gebäudes.
2 Absenkbühne mit Drehscheibe und Beladestation zum Unterflur-Schleppkettenförderer.
3 Das Gewicht der angelieferten Papierrollen wird gewogen und automatisch registriert. Anschließend gelangen die Rollen zum Pufferlager, wo sie nach eingegebenen Adressen sortiert abgestoßen werden.
4 Die Vorbereitung der Rollen für die Rotationsmaschine. Die Auspackmaschine erleichtert das Entfernen der Seitenschilder.
5 Unterflurförderer zur Beschickung des Tageslagers der Rotationsmaschine. Die Förderanlage selbst kann als umlaufendes Lager eingesetzt werden.
6 Manuelle Anlage zur Beschickung der Rollensterne. Auf der Drehscheibe wird die Rolle in die richtige Abrollrichtung gebracht.
7 Schiebebühnen zur Beschickung der Rollensterne.

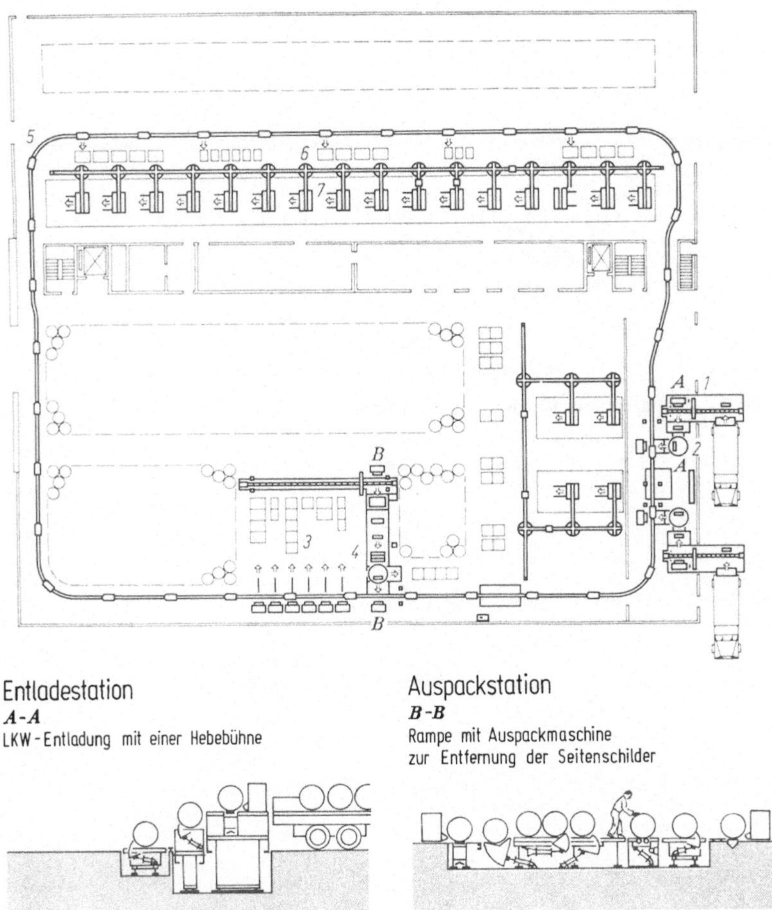

Bild 2.6. Materialfluß von Papierrollen in einer Druckerei (Zahlenangaben siehe Text)

Beispiel 2.6: Fördermittel für begleitfreien Palettentransport

Um im innerbetrieblichen MF beladene Paletten automatisiert transportieren, kurzzeitig puffern oder vereinzeln zu können, wie es z. B. bei der Warenein- und Warenauslagerung, im Vorzonenbereich des Hochregallagers, in Verbindung mit Regalförderzeugen oder beim Sortier- und Speichervorgang erforderlich ist, werden sowohl Stetigförderer als auch Unstetigförderer eingesetzt. Zur ersten Gruppe sind die über Ketten angetriebenen Rollen-, die Tragketten- und die teuren Plattenbandförderer zu nennen (Bild 2.7). Ist ein Richtungswechsel erforderlich, sollen Paletten in einer MF-Anlage ein- oder ausgeschleust werden oder soll ein Höhenunterschied überwunden werden, so sind hierfür Unstetigförderer (Bild 2.8) einzusetzen. Bei jeder Planung ist der Frage nachzugehen, in welcher Richtung (längs oder quer) die Palette zu transportieren ist und welcher Förderer dafür benutzt werden kann.

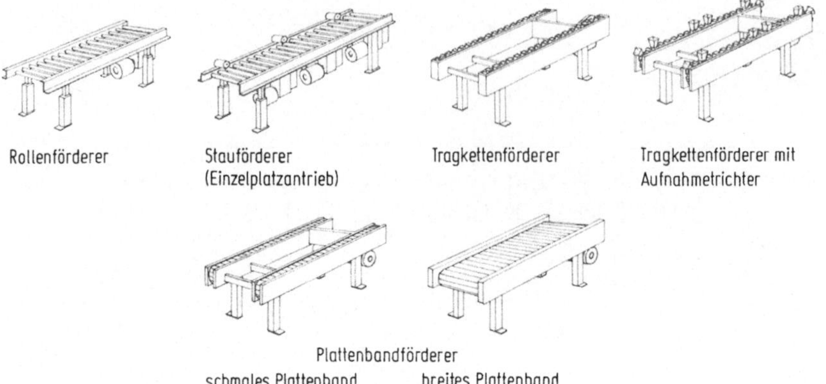

Bild 2.7. Stetigförderer für den Palettentransport

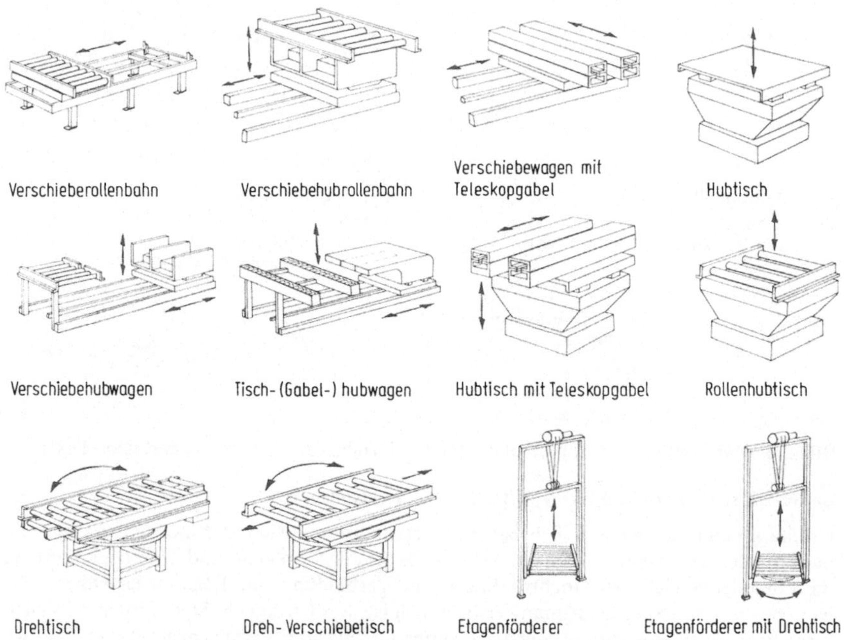

Bild 2.8. Unstetigförderer zum Transportieren, Ein- und Ausschleusen von Paletten

3 Planung des Lager- und Verteilsystems

3.1 Allgemeines

Eine Lagerplanung muß immer als Teilsystem des Gesamtbetriebes gesehen werden. Dabei sind die Lager und ihre Standorte im innerbetrieblichen Materialfluß einzuordnen. Das Ziel lautet, ein technisch-wirtschaftliches Lager- und Verteilsystem zu planen, das allen Forderungen des Betriebes gerecht wird. Jede Lageraufgabe stellt ein technisches, organisatorisches und dispositives Problem dar, d. h. einmal muß die Gestaltung und Dimensionierung der technischen Einrichtung und der Ablauforganisation wirtschaftlich erarbeitet, zum anderen muß festgelegt werden, welche Artikel mit welchen Mengen zu lagern sind und zu welchen Zeitpunkt in welchen Mengen die Artikel zu bestellen sind. Jede realisierte Lagerplanung stellt Investitionen dar und auf Jahre hinaus liegen die Betriebskosten fest. Daher ist eine sorgfältige Planung und Auswahl des Lager- und Verteilsystems unumgänglich, die einen integrierten Bestandteil des Materialflusses darstellen.

Tabelle 3.1. Einflußgrößen einer Lagerplanung

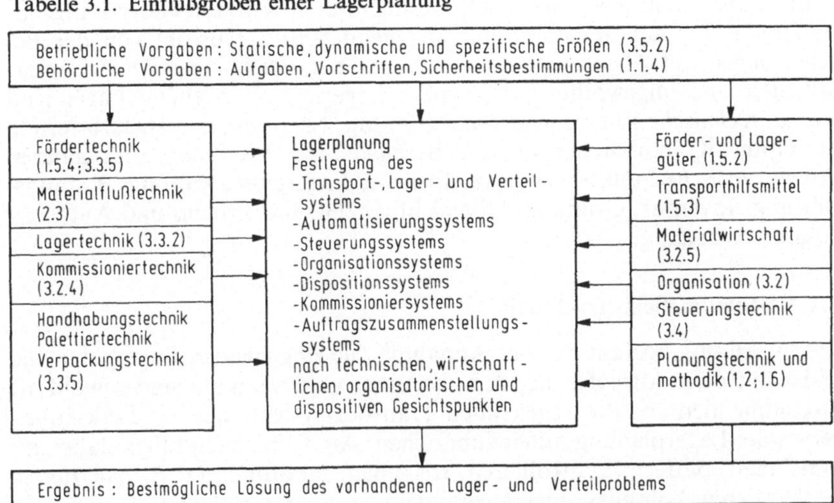

3.1.1 Einflußgrößen

Handelt es sich um ein neu zu erstellendes oder zu verlegendes Lager, so kann mit der eigentlichen Lagerplanung erst nach einer durchgeführten innerbetrieblichen Standortuntersuchung (Abschnitt 1.4.4) begonnen werden. Dazu müssen aber Daten über Menge und Frequenz der zu lagernden Güter, die ungefähre Größe der Lagerfläche und die Zuordnung des Lagers zu den Fertigungsbereichen vorliegen. Ebenso ist es erforderlich, sich über alle eine Planung beeinflussende Größen Gedanken zu machen, um für eine gestellte Aufgabe das optimale Lager- und Verteilsystem zu finden (Tabelle 3.1). Die Vielzahl der Einflußfaktoren beweist, daß das Lager ein komplexes System darstellt und jede gefundene Lösung nur eine Annäherung an das Optimum sein kann.

3.1.2 Lagerfunktionen

Heute benutzt man im Industriebetrieb vorwiegend das Prinzip der *Vorratshaltung* von Gütern in Form eines Lagers, denn

— es garantiert dem Unternehmen, sich unabhängig von den Schwankungen des Beschaffungsmarktes zu machen;
— es stellt sicher, kontinuierlich die Produktion entsprechend dem Fertigungsprogramm mit Material zu versorgen;
— es gewährleistet, flexibel auf Produktionsschwankungen zu reagieren;
— es gestattet, exakte Terminplanungen durchzuführen;
— es ermöglicht, Rohstoffe, Halbfabrikate und Hilfsmittel preisgünstig einzukaufen;
— es erfüllt die Aufgabe, Material, welches vorübergehend nicht am Produktionsprozeß teilnimmt, aufzubewahren.

Ein Lager stellt also einen nicht vermeidbaren Kurzzeit- oder Langzeitpuffer dar für ankommende und abgehende Güter, sowohl von der Beschaffungs- und Absatzseite, wie auch von der Fertigungsseite. Zu unterscheiden sind ungewollte und gewollte Lagerung. Von einem Lager sind einmal *technische* Funktionen wie Pufferung, Lagerung, Umstrukturierung der Güter, Kommissionierung und Bereitstellung zu erfüllen, zum anderen *organisatorische* Funktionen auszuüben wie Lagergutverwaltung, Bestandsführung, Inventur, Ordnung, Übersichtlichkeit, fifo-Prinzip und Auftragszusammenstellung.

3.1.3 Schnittstellenbetrachtung

Jede Lagerung beginnt mit der Annahme der eingehenden Lagergüter und endet mit ihrer Auslieferung, d. h. bei einer Lagerplanung sind sowohl die ankommenden und die abgehenden Transportsysteme mit den Ladeeinheiten in die Lagerplanung miteinzubeziehen. An Tätigkeiten fallen dabei an: annehmen, puffern, kontrollieren, freigeben, umordnen (z. B. palettieren, depalettieren, kommissionieren, sammeln, verteilen), einlagern, lagern, auslagern, umordnen, transportieren, kontrollieren, verpacken, bereitstellen, versenden. Schnittstellen gibt es nicht nur im technischen, sondern auch im organisatorischem Lagerbereich. So haben mit dem Lager sowohl Fertigungs- und Lagerabteilungen zu tun, als auch der Einkauf, der Vertrieb, die Arbeitsvorbereitung, die Qualitätskontrolle, die Disposition, die Warenannahme und der Versand. Bei einer Um- oder Neugestaltung des Lagerbereiches müssen auch diese Abteilungen befragt und gehört werden.

Den *Schnittstellen* zwischen den einzelnen Abteilungsbereichen ist besondere Aufmerksamkeit zu schenken, um einen reibungsfreien Transport zu erzielen. Betrachtet man z. B. die Schnittstelle „externer Verkehr — innerbetrieblicher Materialfluß" (Warenannahme des Wareneinganges), so benötigt man für ihre Gestaltung Daten über

— Anlieferungstransportmittel: Art, Größe, Ladehöhe, Wenderadius;
— Lieferumfang und -frequenz: Durchschnittliche und maximale Liefermenge, Zeitpunkt, Anzahl und Verteilung der Anlieferungen über den Tag, regelmäßige oder unregelmäßige Lieferung;
— Anlieferungsform der Güter: Einzelgut, auf Palette, in Behältern, Pakete, als Ladeeinheit;
— Eigenschaften der Güter und Förderhilfsmittel: empfindlich, stapelbar, Art der Aufnahmemöglichkeit mit Fördermittel;
— Fördermittel für den Entladevorgang: Kran, Gabelstapler, manuell mit Rollenbahn;
— Personalbedarf für die Warenannahme;
— Flächenbedarf für die Warenannahme;
— bauliche Gestaltung der Warenannahme: mit oder ohne Rampe; Anzahl, Art und Größe der Tore, Torabdichtungen, Überladebrücken, Hofgröße.

3.1.4 Zentrale, dezentrale Lagerung

In einem Unternehmen sind die verschiedensten Güter entsprechend ihrer Zuordnung in einem oder mehreren Lägern unterzubringen. Die Entscheidung, ob eine zentrale oder dezentrale Lagerung der Lagergüter gewählt wird, hängt ab von der Aufgabe des Lagers im Fertigungsprozeß, von der Größe des Unternehmens, und von der Fertigungsart. Sie muß in jedem Einzelfall unter Berücksichtigung der Randbedingungen neu überdacht werden.

Für eine *zentrale* Lagerung sprechen:

— Keine Mehrfachlagerung und konzentrierte Lagerung haben zur Folge geringeren Flächenbedarf, geringere Kapitalbindungs- und Lagerhaltungskosten;
— eher zu mechanisieren und zu automatisieren, besser die Förder- und Lagertechnik auszunutzen, was geringeren Personalaufwand, höhere Personalauslastung, höheren Flächen- und Raumausnutzungsgrad ergibt;

— größere Übersichtlichkeit bedeutet einfachere Revision, Inventur und Bestandsüberwachung.

Als Vorteile einer *dezentralen* Lagerung sind anzusehen:

— Direkte und schnelle Belieferung der Fertigung durch kurze Wege ergibt geringere Materialflußkosten;
— Lagertechnik ist besser den Bedürfnissen des Lagergutes anzupassen;
— bei Eilaufträgen ist Improvisation möglich;
— Organisationsaufwand des Einzellagers ist geringer als beim Zentrallager;
— im Katastrophenfall (Brand, Explosion) ist in der Regel nur ein Teil des Lagergutes vernichtet.

3.1.5 Lagerhaltungskosten

Bei dem Lagerungsvorgang, der meist keine Wertverbesserung bringt, treten außer Organisations- und Dispositionsproblemen Kapitalbindungs- und Lagerungskosten auf. Die Summe der *Lagerhaltungskosten* setzt sich zusammen aus:

— Kosten der Lagerbestände: ca. 40 bis 50% (Verzinsung des Beständekapitals, Versicherung der Bestände gegen Feuer und Diebstahl, Vermögenssteuer);
— Kosten der Güterbewegungen: ca. 20 bis 40% (Personalkosten für Ein-, Um- und Auslagerung, Bedienung der Transportmittel, Manipulationstätigkeiten);
— Kosten des Lagergebäudes und der Einrichtung: ca. 10 bis 20% (Abschreibung der Lagergebäude und der -einrichtungen, Verzinsung dieses Kapitals, Versicherung, Heizungs-, Beleuchtungs- und Instandsetzungskosten);
— Kosten der Lagerverwaltung: ca. 10 bis 15% (Verwaltung, Bestandsführung, Inventur).

Tabelle 3.2. Prozentuale Lagerhaltungskosten bezogen auf den Wert der gelagerten Güter

Kostenart	Anteil in %
Zinsen der Bestände	8 ... 10
Alterung, Verschleiß, Verlust, Bruch	2 ... 3
Transport des Lagergutes, Ein- und Auslagerung	2 ... 4
Abschreibung von Lagergebäude und Einrichtung	2,5 ... 3
Lagerverwaltung, Bestandsführung	1 ... 2
Vermögenssteuer	1 ... 2
Versicherung der Bestände, Gebäude, Einrichtung	0,5 ... 1
	Σ = 17 ... 25

Tabelle 3.2 listet die Kosten der Lagerhaltung in Abhängigkeit vom durchschnittlich gelagerten Wert der Lagergüter auf. Danach betragen diese Kosten ca. 17 bis 25% des Kapitals der Lagerbestände.

Es stellt sich die Frage, welche Maßnahmen bewirken und welche Ansatzpunkte erzielen eine Senkung der Lagerhaltungskosten. Möglichkeiten bezüglich der *Lagerbestände* sind Sortimentsbereinigung, Beständereduzierung, Auflösung von „Ladenhütern", kritische Auswahl des Lagergutes, Kontrolle der Umschlags- und Zugriffshäufigkeit und ständige Bestandskontrolle. Vermehrter Einsatz von genormten Lager- und Transporteinheiten, Zentralisierung der Läger, Steuerung der Transporte, Mechanisierung und Automatisierung senken die *Personalkosten* für die Güterbewegung. Kompakte Lagerung, Ausnutzung der Hallenhöhe, standardisierte Lager- und Transporteinrichtungen vermindern die Kosten von *Lagergebäuden* und *Einrichtungen*. Das Arbeiten mittels Datenverarbeitungsanlage reduziert die personalintensive *Lagerverwaltung*.

3.1.6 Kennzahlen, Vorgaben, Richtwerte

Außer den im Abschnitt 1.4.5 beschriebenen Kennzahlen für den Materialfluß- und Lagerbereich sind für den Planer Erfahrungswerte, betriebliche und behördliche Vorgaben für die Auslegung der Lagersysteme und die Dimensionierung der Fördermittel von großem Nutzen. So z. B.

– $\text{Flächennutzungsgrad} = \dfrac{\text{mit Regalen belegte Fläche}}{\text{Bruttolagerfläche}} \cdot 100 \quad \text{in \%;}$

(Bruttolagerfläche = Gesamtnutzungsfläche — Nebenfunktionsfläche wie Warenein- und -ausgang, Betriebsräume; Abschnitt 3.3.2);

– Raumnutzungsgrad

$$= \frac{\text{Volumen einer Lagereinheit} \cdot \text{Anzahl der Lagereinheiten}}{\text{Bruttolagerraum}} \cdot 100 \quad \text{in \%;}$$

– $\text{Höhennutzungsgrad} = \dfrac{\text{genutzte Höhe}}{\text{vorhandene Höhe}} \cdot 100 \quad \text{in \%;}$

– $\text{durchschnittlicher Lagerbestand} = \dfrac{\text{12 Monatsbestände}}{12} \quad \text{in DM;}$

– $\text{Reichweite} = \dfrac{\text{durchschnittl. Lagerbestand in DM}}{\text{Lagerumsatz in DM/Monat}} \quad \text{in Monaten:}$

– $\text{Umschlagsfrequenz} = \dfrac{\text{Lagerumsatz in DM/Monat}}{\text{durchschnittl. Lagerbestand in DM}} \text{ pro Monat.}$

Die Geschäftsleitung muß die Reichweite vorgeben, sie entspricht einer wichtigen Planungszahl, z. B.

— durchschnittlicher Lagerbestand: 1,5 Mio DM;
— Lagerumsatz pro Monat: 0,35 Mio DM;
— Reichweite $= \frac{1,5}{0,35} = 4,2$ Monate;
— Umschlagsfrequenz $= \frac{1}{4,2} = 0,24$ pro Monat.

Für die erste Dimensionierung und Größenauslegung werden Richtwerte und Erfahrungsvorgaben benötigt und benutzt, wie

— Wegbreiten (Arbeitsstättenrichtlinien);
— Regalgangbreiten (Tabelle 3.5);
— Stückstromleistungen von Fördermitteln (Abschnitt 2.4);
— Fortbewegungsgeschwindigkeiten in Gängen (Tabelle 3.3);
— Kommissionierleistungen (Tabelle 3.4);
— Lagerhaltungskosten (Tabelle 3.2).

In diesem Zusammenhang seien die DIN-Normen, VDI-Richtlinien, Verordnungen (Arbeitsstättenverordnung), gesetzliche Bestimmungen und Angaben in Firmenprospekten erwähnt, die Planungsgrunddaten und Richtwerte enthalten.

3.2 Lagerorganisation

3.2.1 Allgemeines

Unter dem Begriff Lagerorganisation soll hier die Organisation der Warenein- und -auslagerung, der Kommissionierung, der Mengenplanung, der Beständekontrolle und der Lagerplatzzuordnung verstanden werden. Die Aufgabe der Lagerorganisation ist es, die Lagervorgänge zu steuern, zu regeln und zu verwalten. Darunter fallen die Funktionen: Transportieren, Umschlagen, Lagern, Umordnen und die Hilfsfunktionen wie Signieren, Auszeichnen, Verpacken, Umschnüren. Alle dazu gehörenden Daten müssen für eine Überprüfung oder Planung des Lagerbereiches erfaßt, gespeichert, aufbereitet, überwacht, optimiert, registriert und verwaltet werden. Diese Tätigkeiten faßt man unter dem Begriff der logistischen Funktionen zusammen. Bei einer Lagerplanung besitzen diese Funktionen eine fundamentale Bedeutung und müssen im frühen Planungsstadium durchdacht und festgelegt werden. Dabei sind sowohl die vor- und nachgeschalteten Betriebsbereiche als auch die Möglichkeit der Mechanisierung, der Automatisierung und der Erweiterung zu berücksichtigen. Durch eine geschickte Organisation lassen sich die anfallenden Lagerhaltungskosten (Abschnitt 3.1.5) reduzieren.

Die Lagerordnung muß Forderungen erfüllen wie
- möglichst hohen Raumausnutzungsgrad;
- schnelles und sicheres Auffinden der Lagergüter;
- Ausschließen von Verwechslungen;
- möglichst große Flexibilität bezüglich Änderungen in der Sortimentsstruktur nach Anzahl, Abmessungen, Volumen und Gewicht.

Man unterscheidet die feste Lagerplatzordnung und die freie Lagerplatzwahl (statische und dynamische Lagerordnung).

3.2.2 Feste Lagerplatzordnung

Bei dem Prinzip der *festen Lagerplatzordnung* wird jedem Artikel ein bestimmter, starrer Lagerplatz zugeordnet. Im Regal selbst können die Artikel nach Präferenzen gelagert werden wie Umschlagshäufigkeit, Gewicht, Volumen, Abmessungen, Weglänge, Wertigkeit. Die feste Lagerplatzordnung wird bei großem Sortiment mit kleinen Stückzahlen und geringem Volumen angewandt: Werkzeugläger, Ersatzteilläger, Magazine, Kommissionierläger, Modelläger. Den Vorteilen einer einfachen Platzorganisation (Lagerplatznummer = Artikelnummer) stehen folgende Nachteile gegenüber:
- Ausnutzung der Lagerfächer und Nutzung der Fächerzahl ist gering (max. 60%);
- Fachgröße ist für die größte Artikelmenge auszulegen;
- Lagergröße ist für größtes Lagervolumen einschließlich Reservevolumen zu planen;
- Änderungsaufwand bei Neubelegung von Lagerfächern ist hoch;
- bei größeren Mengenschwankungen werden unnötig viele Lagerplätze gebunden;
- geringe Raumausnutzung.

3.2.3 Freie Lagerplatzwahl

Die Nachteile der festen Lagerplatzordnung können vermieden werden durch die Belegung der Lagerfächer nach dem Prinzip der *freien Lagerplatzwahl* (chaotische Lagerung). Jeder freie Lagerplatz kann von irgendeinem Artikel besetzt werden. Dem einzelnen Lagerplatz wird nicht eine Artikelnummer, sondern eine Platznummer zugeordnet. Die Ausnutzung der Lagerfächer steigt bis auf 80%. Diesem Vorteil steht der Nachteil einer aufwendigeren Organisation entgegen, denn über den Lagerort eines Artikels gibt nun eine Kartei oder Datei Auskunft. Anwendung findet dieses System bei großem Sortiment mit großen Mengen und Volumen: Fertigwarenlager, Einheitenlager, Zwischenlager, Kommissionierlager nach dem Schubladenprinzip (Abschnitt 3.2.4). Voraussetzung für dieses System ist eine eindeutige Lagerplatzkennzeichnung.

Zur Festlegung der Lagerplätze wird ein Koordinatensystem auf dem Lagerraster aufgebaut (Bild 3.1). Der Lagerplatz liegt fest durch die Reihenfolge der Achsen: *z*, *x*, *y*. Die Platznummer 02 18 01 bedeutet:
— 02: *z*-Achse = Regalnummer oder Regalgangnummer (Gasse);
— 18: *x*-Achse = horizontale Fachnummer (Säule);
— 01: *y*-Achse = vertikale Fachnummer (Ebene).

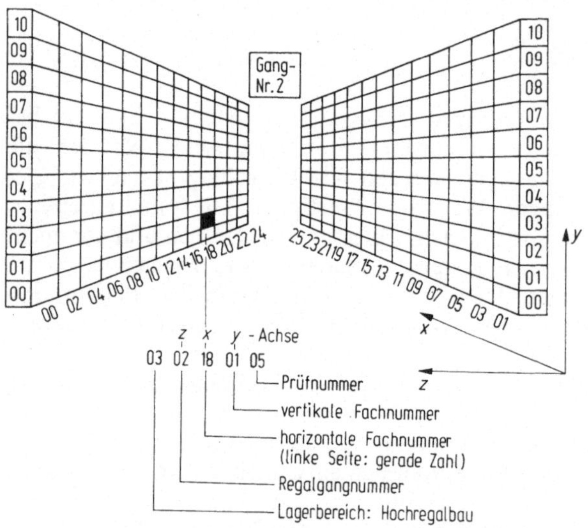

Bild 3.1. Festlegung von Lagerfachkoordinaten

Alle Lagerplätze werden in Form einer Kartei- oder Lochkarte durch ihre Platznummer erfaßt. Bei der freien Lagerplatzwahl werden die freien Lagerplätze bei off-line-Betrieb (Abschnitt 3.4.3) mittels der Leerplatzkartei verwaltet. Zweckmäßigerweise kennzeichnet man die Kartei- oder Lochkarten eines Regalganges mit einer Farbe. Außerdem sortiert man die Karten eines Regalganges (Zuordnung einer Farbe) in aufsteigenden Nummern (kurzer oder langer Zugriff). Anhand der Anzahl der vorhandenen Karten in der Leerplatzkartei kann sofort die Auslastung des Lagers ermittelt werden.

Die Vergabe eines Lagerplatzes für einen neu einzulagernden Artikel geschieht durch Ziehen einer Lagerplatzkarte aus der Leerplatzkartei. Dabei können durch die Ordnung dieser Kartei gewisse Ein- und Auslagerungskriterien bezüglich der Lage des Lagerplatzes im Regal berücksichtigt werden wie Zugriff, Empfindlichkeit, Brennbarkeit, Umschlagshäufigkeit usw. Die dem Lagergut beiliegende Artikelkarte und die Leerplatzkarte werden zusammen z. B. in eine Klarsichttasche gesteckt und in die Artikelkartei (Verwaltung der Lagergüter) je nach Vorschrift nach Artikelnummer, Art des Lagergutes oder Einlagerungsdatum eingeordnet. In ein Duplikat der Artikelkarte trägt man die Lagerplatzdaten ein. Dieses Duplikat verbleibt als Warenbegleitpapier beim Lagergut und enthält durch den Eintrag für den Einlagerungsvorgang die Lagerplatzkoordinaten.

Werden ganze Lagereinheiten ausgelagert, so entnimmt der Lagerverwalter aus der Artikelkartei nach vorgegebenem Kriterium (z. B. „fifo": first in, first out) die Klarsichttasche mit der Platz- und Artikelkarte. Man findet also bei der Auslagerung den Lagerplatz eines Artikels über seine Artikelnummer wieder. Ist der Auslagerungsvorgang ausgeführt, wandert die Leerplatzkarte entsprechend Farbe und Platzlage in die Leerplatzkartei zurück.

Werden Teilmengen aus der Lagereinheit entnommen, so muß dies sowohl in der Artikelkartei (Bestandskarte) wie auch in den Warenbegleitpapieren mit Angabe von Entnahmemengen und -datum eingetragen werden.

Ein Artikel mit großer Lagermenge belegt mehrere Lagerplätze, die bei der freien Lagerplatzwahl über das ganze Lager verstreut sind. Durch die Ordnung der Artikelkartei liegen alle Klarsichttaschen für den gleichen Artikel z. B. nach dem „fifo"-Prinzip hintereinander geordnet, so daß man als erste Karte den am längsten im Lager liegenden Artikel dieses Lagergutes vor sich hat.

3.2.4 Kommissioniersysteme

Besteht ein Auftrag nur aus ganzen Lagereinheiten, so kann der Auslagerungsvorgang wegen der Gleichheit der einzelnen Arbeitsabläufe automatisiert werden. Setzt sich dagegen ein Auftrag aus Teilmengen eines Sortimentes zusammen, so heißt das Umwandeln der im Lager *artikelorientiert* gelagerten Güter (lagerspezifischer Zustand) in *auftragsorientierte* Sendungen (verbrauchsspezifischer Zustand) kommissionieren. Dieser Vorgang ist personalintensiv, verursacht hohe Kosten und läßt sich in die Grundfunktionen zerlegen:

- Bereitstellen der Güter für den Kommissioniervorgang;
- Fortbewegen des Kommissionierens im Regalgang;
- Entnahme der Güter aus den Regaleinheiten;
- Abgabe der entnommenen und kommissionierten Güter.

Für den Kommissioniervorgang bieten sich zwei grundsätzliche Möglichkeiten der Bereitstellung von Lagergütern an:

- *Statische* Bereitstellung: Die Lagergüter werden in linienförmiger Anordnung im Regal bereitgehalten, d. h. der Kommissionierer geht zum Lagergut, es wird *im* Regal kommissioniert;
- *dynamische* Bereitstellung: Das Lagergut kommt als Einheit (Anbrucheinheit) an einen speziellen Kommissionierplatz außerhalb des Regales und wird nach Entnahme einer Teilmenge an seinen Lagerplatz zurückgebracht, das Lagergut kommt also zum Kommissionierer, es wird *vor* dem Regal kommissioniert (Schubladenprinzip).

Der Kommissionierer gelangt entweder zu Fuß (*eindimensionale* Fortbewegung) zum Lagergut oder er bewegt sich *zweidimensional* mittels Regalbediengerätes (Regalförderzeug, Kommissionierstapler) im Regalgang. Die dabei auftretenden Geschwindigkeiten sind in Tabelle 3.3 zusammengestellt. Das Greifen der Artikel (Entnahme) geschieht meist manuell, kann aber auch mit mechanischen Hilfsmitteln durchgeführt werden.

Tabelle 3.3. Geschwindigkeitswerte in Abhängigkeit zur Fortbewegungsart

Art der Fortbewegung	Geschwindigkeit in m/s
Zu Fuß	
— ohne Last	1,4
— mit Last (10 kg)	1,3
— mit Handwagen	1,0
— mit Gabelhubwagen und Palette	0,8
— mit angetriebenen Elektro-Gabelhubwagen	1,3
Mitfahrend	
— Flurförderer mit Last (1000 kg), z. B.	
— Plattenformwagen, Gabelniederhubwagen	2 ... 2,5
— Kommissionierstapler	1,5
— Regalförderzeug	2,0

Von *zentraler* Abgabe der kommissionierten Artikel spricht man, wenn der Kommissionierer die in einem Behälter gesammelten Artikel zu einer Sammelstelle bringt. Setzt er den Behälter in unmittelbarer Nähe am Entnahmeort auf ein Fördermittel (Rollenbahn, Kreisförderer, Gurtförderer, Einschienenhängebahn, fahrerlosen Schlepperzug), so versteht man darunter eine *dezentrale* Abgabe.

Je nach Kombination der Bereitstellungsart (statisch oder dynamisch), der Fortbewegungsart (eindimensional oder zweidimensional), der Entnahmeart (manuell oder mechanisch) und der Abgabeart (zentral oder dezentral) lassen sich 16 Kommissioniersysteme aufbauen. Die am häufigsten verwendeten Systeme haben

— statische Bereitstellung;

— eindimensionale oder zweidimensionale Fortbewegung;

— manuelle Entnahme;

— zentrale Abgabe.

Beim Zusammenstellen von Aufträgen unterscheidet man auftragsorientiertes und serienorientiertes Kommissionieren. Das *auftragsorientierte* Kommissionieren ist ein einstufiger Sammelvorgang. Die einzelnen Aufträge bilden technisch und organisatorisch eine in sich abgeschlossene

Einheit, d. h. *ein* Auftrag wird nach dem anderen zusammengestellt, indem der Kommissionierer bei einem Lagerdurchgang alle gewünschten Artikel, die zu *einem* Auftrag gehören, gegriffen hat.

Beim *serienorientierten* (artikelorientierten) Kommissionieren werden mehrere Aufträge zusammengefaßt und gleichzeitig kommissioniert, d. h. aus den sortierten und addierten Artikeln der zusammengefaßten Aufträge entsteht ein Sammelauftrag, der alle Positionen der Einzelaufträge umfaßt. Der Kommissionierer sammelt die Summe jedes Artikels. Die Einzelaufträge werden in einer zweiten Stufe durch Sortieren der gesammelten Artikel erstellt.

Große Kommissionierlager werden in Kommissionierzonen (-bereiche) eingeteilt, so daß man dann sowohl das auftragsorientierte als auch das serienorientierte Kommissionieren entweder parallel oder seriell (nacheinander) durchführen kann. Parallel bedeutet, daß die Artikel für einen Auftrag bzw. Teilauftrag in den einzelnen Kommissionierzonen ungefähr gleichzeitig gesammelt werden, um anschließend zu einer Einheit zusammengeführt zu werden. Bei der seriellen Kommissionierung durchläuft ein Auftrag in einzelnen Teilaufträgen die verschiedenen Kommissionierbereiche hintereinander, und am Ende des Kommissioniervorganges ist der Auftrag zwangsläufig zusammengestellt. Bild 3.2 verdeutlicht das Ausgeführte.

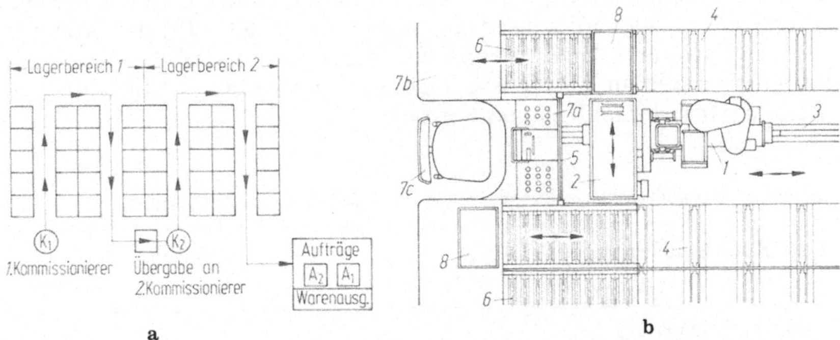

Bild 3.2 a u. b. Arten der Auftragszusammenstellung. **a** auftragsorientierte serielle Kommissionierung, **b** statischer Kommissionierplatz bei serienorientierter paralleler Kommissionierung

Die Analyse des Kommissioniervorganges zeigt, daß sich die Kommissionierzeit zusammensetzt aus der Basiszeit, der Wegezeit, der Greifzeit und der Totzeit. Der Planer und Rationalisierer muß der Frage nachgehen, welche Zeitkomponenten lassen sich durch welche Maßnahmen reduzieren.

Basiszeit: Sie beinhaltet administrative Tätigkeiten wie Annehmen und Ordnen eines oder mehrerer Auftragsbelege, Aufnehmen des Kommissionierhilfsmittels (Behälter, Wagen) und Abgabe der kommissionierten Ware.

Die Basiszeit beträgt 10 bis 20 % der Kommissionierzeit und kann durch eine Straffung und gute Gestaltung der Organisation (Arbeitsvorbereitung, geschultes Personal) positiv beeinflußt werden.

Wegezeit: Sie wird meist pro Artikel für den Weg zwischen zwei Entnahmestellen als Durchschnittszeit ermittelt und liegt zwischen 25 und 45 % der gesamten Kommissionierzeit. Durch Erhöhen der Artikelkonzentration (Stirnflächenverringerung) und serienorientiertes Kommissionieren ist eine Verkleinerung der Wegezeit ebenso möglich wie durch Überlegungen, umsatzstarke Artikel in einem separaten Lager oder in bevorzugter Lage zu konzentrieren und eine entsprechende Lagertechnik einzusetzen.

Greifzeit: Sie setzt sich zusammen aus den Tätigkeiten Hinlangen, Aufnehmen, Befördern, Ablegen und wird pro Artikel angegeben. Die Dauer des Vorganges liegt zwischen 25 bis 40 % der Kommissionierzeit und ist abhängig von

— der Greifhöhe (0,2 bis 1,8 m) und der Greiftiefe (bis 0,8 m);
— dem Gewicht (bis 10 kg) und dem Volumen (bis 70 dm^3);
— der Anzahl der Artikel pro Entnahme (Artikelzahl pro Zugriff);
— der Geschicklichkeit und physiologischen Eigenschaften des Kommissionierers.

Totzeit: Sie umfaßt die Aufenthaltszeit vor dem Entnahmeort mit Ausnahme des Zugriffs und enthält das Suchen und Finden des Artikelplatzes, das Zählen, Kontrollieren, Vergleichen, Anbruch bilden, Lesen, Schreiben, Etikettieren. Größenordnungsmäßig macht sie 20 bis 30 % der Kommissionierzeit aus und kann beeinflußt werden durch Informations- und Suchhilfen, durch gute Arbeitsbedingungen und geeignete Vorrichtungen, durch qualifiziertes und geübtes Personal.

Tabelle 3.4. Kommissionierleistungen pro Kommissionierer und pro Stunde

Art der Kommissionierung	Zugriffe pro Stunde und Pers.
Handkommissionierung	
— zu Fuß aus Fachbodenregal	45 ... 60
— mit RFZ aus Palettenregal	60 ... 120
— mit RFZ aus Fachbodenregal	100 ... 120
— mit RFZ aus Durchlaufregal	120
Automatische Kommissionierung	
— aus Durchlaufregal	180 ... 240
— aus Durchlaufregal mit Fördergurt	>300
Kommissionierung ganzer Einheiten	
— Paletten aus Palettenregal oder Blocklager mit Gabelstapler	15 ... 30
— Paletten aus Hochregal-Lager vollautomatisch mit RFZ	~30
— Paletten aus Durchlaufregal vollautomatisch mit RFZ	30 ... 45

In der Tabelle 3.4 werden in Abhängigkeit von der Fortbewegungsart beim Kommissionieren durchschnittliche Kommissionierleistungen eines Kommissionierers pro Stunde gegeben. Über diese Zeiten und mit der Angabe über die Anzahl der Ein- und Auslagerungen von Zugriffseinheiten pro Tag lassen sich der Personalbedarf im Kommissionierlager bestimmen und Personaleinsatzpläne unter Berücksichtigung von Leistungsstandard und Spitzenbelastung erstellen.

Bei einer Neu- oder Umplanung des Kommissionierlagers besteht die Aufgabe in
- der Wahl des richtigen Kommissioniersystems;
- der Minimierung der Kommissionierzeiten;
- der Festlegung der Organisation.

3.2.5 Mengenplanung

Die Größe eines Lagers und damit auch die Dimensionierung der Fördermittel resultiert vor allem aus den in der Mengenplanung festgelegten und aus den durch die Einheitengröße bestimmten Daten. Der Materialwirtschaft fällt dabei die Aufgabe zu, aufgrund der Nachfragedaten der einzelnen Artikel den Sicherheitsbestand, den maximalen Bestand, die optimale Bestellmenge und den richtigen Bestellzeitpunkt zu fixieren, so daß jederzeit Lieferbereitschaft vorhanden ist. Die Kenntnis der Bestandsgrößen für die einzelnen Artikel bedeuten die Grundlagen für das zu lagernde Volumen, aber auch für Maßnahmen zur Verringerung der Bestände (Abschnitt 3.5.1). Die Ziele der Materialwirtschaft sind zu sehen in
- geringer Kapitalbindung;
- hoher Lieferbereitschaft;
- minimalen Dispositions- und Beschaffungskosten;
- gute Kapazitätsauslastung und -ausnutzung.

Bei einer Lagerplanung sind auch die erforderlichen Lagerbestandskontrollen zu berücksichtigen. Es ist zu überlegen, welche Lagertechnik und Lagerorganisation einfache und schnelle Kontrollmöglichkeiten bieten, damit die Daten der Bestelldisposition, der Fertigungsplanung und des Vertriebes aus der Lagerbuchhaltung auch den tatsächlichen Beständen entsprechen. Differenzen können auftreten durch Buchungsfehler, Zählfehler, Diebstahl und wirken sich negativ auf alle Planungsbereiche aus. Daher müssen von Zeit zu Zeit Kontrollen durchgeführt und mengenmäßige Differenzen bereinigt werden.

3.3 Lagertechnik

3.3.1 Allgemeines

Wie aus Abschnitt 3.1.2 hervorgeht, wird heute vorwiegend das Prinzip der Vorratshaltung im Industriebetrieb benutzt, was aber Lagerhaltungskosten (Abschnitt 3.1.5) verursacht. Um diese Kosten möglichst gering zu halten, gibt es eine Reihe von technischen Hilfsmitteln, Maschinen und Vorrichtungen, die im Rahmen dieses Abschnitts Lagertechnik angesprochen werden. Die Lagertechnik wirkt in allen und beeinflußt alle Lagerbereiche (Abschnitt 3.1.1), so daß die Kenntnis der technischen Transport- und Lagerungsmöglichkeiten für einen Planer grundlegende Voraussetzung ist.

Der gesamte Lagerbereich kann in verschiedene Teilbereiche untergliedert werden (vgl. VDI-Richtlinie 2690). Für eine Planung sind außer dem eigentlichen Lagersystem zu berücksichtigen: Wareneingang, Betriebsräume, Warenausgang und gebäudeexterne Verkehrsfläche.

Wareneingang (WE): Hier sind technische und organisatorische Maßnahmen durchzuführen wie entladen, puffern, prüfen, kontrollieren, aus- und umpacken der ankommenden Güter. Die Aufgabe des WE besteht darin, die Güter je nach Art der verlangten Einlagerungsform (auf Palette, in Behältern) umzupacken, zu sortieren und für den Einlagerungsvorgang bereitzustellen. Dazu gehören auch die Erstellung der Artikel- und Bestandskartei, sowie die Festlegung des Lagerortes. Die Fläche des WE muß so bemessen werden, daß alle diese Tätigkeiten entsprechend der größtmöglichen Anlieferungsmenge zu bewerkstelligen sind. Weitere Forderungen an den WE sind:

— Kurze Entladezeiten für Lkw oder Bahnwaggons;
— kurze Verbindungswege zu dem anschließenden Fördersystem und zu den Lagerbereichen;
— optimale Entladungsmöglichkeiten durch entsprechende Fördermittel und -hilfsmittel.

Betriebsräume: Bei einer Planung ist der Flächen- und Raumbedarf für Lagerbüro, Steuerzentrale, Ladestation der batterieelektrischen Flurförderer, CO_2- oder Sprinkleranlagen zu berücksichtigen.

Warenausgang (WA): In entgegengesetzter Reihenfolge wie im WE setzen sich die Arbeitsabläufe im WA zusammen. Die abgehenden Güter müssen je nach Erfordernissen kontrolliert, verpackt, verklebt, verschnürt und beschriftet werden. Gemeinsame Sendungen für Lkw oder Bahn sind auf der Versandfläche für den zügigen Abtransport bereitzustellen. Der Flächenbedarf für den WA hat diesen Anforderungen zu entsprechen.

Die Größe und Gestaltung der *gebäudeexternen Verkehrsfläche* für den WE und WA ist stark beeinflußt von den anliefernden Transportfahrzeugen wie Bahn (Schienenradius, Rampe), Lkw (Wenderadius, Seiten- oder Heckabfertigung, mit oder ohne Rampe) oder Schiff (Anlegestelle).

Die Größe und Ausbildung der Schnittstelle „externer Verkehr/innerbetrieblicher Materialfluß“ bei WE und WA mit Lkw hängt ab von der Anzahl und Größe der gleichzeitig abzufertigenden Fahrzeuge. Danach richten sich die Anzahl und Ausführung der Tore (Rolltore, Torabdichtungen), die Art und Höhe der Rampen (verstellbare Überladebrücke, Hubbühnen) und die Größe der Hof- und Abfertigungsfläche. Zur schnelleren und leichteren Ent- und Beladung der Fahrzeuge sind in Abhängigkeit vom Transportgut Fördermittel wie Gabelhubwagen, Rollenbahn, Kreisförderer, Teleskopgurtförderer vorzusehen.

Eine Planung wird stark davon abhängig sein, ob ein Lager in ein vorhandenes Gebäude oder Halle einzuplanen ist oder ob es neu konzipiert werden kann. An Gebäudeformen sind zu unterscheiden: Traglufthalle, Hallenbau, Stockwerksbau und Lagerfunktionsgebäude.

Traglufthalle: Große Flexibilität, Übergangslösung, geringe Kosten, geringe Lebensdauer, Heizungsmöglichkeit, kurzfristiger Einsatz, unterschiedliche Regalhöhen durch Dachform.

Hallenbau: Höhe 3,5 bis 4 m ergibt *Flachlager*, meist Boden- und Fachregallagerung, geeignet nur für kleine bis mittlere Mengen, begrenzte Lagertechnik, Sicherheitsbestimmungen beachten, Fluchtwege vorsehen. Höhe bis 12 m ergibt *Hochflachlager* für Paletten-, Fachboden- und Durchlaufregalsystem, Höhennutzung gegeben, zur zweidimensionalen Kommissionierung geeignet, jede Lagertechnik anwendbar, Einbau von Hochregalen.

Stockwerksbau: Entspricht gestapeltem Flachlager entsprechend mehrgeschossiges Gebäude, vgl. Hallenbau bis 4 m Höhe, außerdem noch begrenzter Transportmitteleinsatz aufgrund von Bodentragfähigkeit, Vertikaltransport über Aufzug (Abmessungen, Tragfähigkeit), Türabmessungen, Einschränkung der Lagertechnik durch Stützenraster.

Lagerfunktionsgebäude: Einzweckbau, Hochraumlager, Regale sind gleichzeitig Träger für Seitenwände und Dach, geringer Grundflächenbedarf, wirtschaftliche Bauweise (Stahl oder Stahlbeton), Ausführung als Paletten- oder Kragarmregal, keine Flexibilität in der Hallennutzung. Das Hochraumlager besteht aus mehreren langen und hohen (bis zu 40 m), aber schmalen Scheiben von Einzel- und Doppelregalen (Verhältnis Länge zu Höhe wie 4 bis 5 zu 1 aufgrund der Fahr- und Hubgeschwindigkeitsgrößen der Regalförderzeuge). Der Abstand zwischen den Regalen ist nur so groß, wie die Breite der speziell entwickelten Lagerbediengeräten. Siehe Abschnitt 3.3.5.

3.3.2 Lagerungssysteme

Unter Lagerungssystemen werden technische Hilfsmittel verstanden, in denen die Lagergüter solange aufbewahrt werden, bis sie am Produktions- oder Distributionsvorgang wieder teilnehmen. Das Lagerungssystem wird durch technische, organisatorische, wirtschaftliche und betriebsspezifische Faktoren bestimmt wie z. B. durch das *Lagergut* und die Art des *Lagerortes*. Schüttgut wird je nach Art und Menge auf dem Boden (Halde) oder im Silo (Bunker) gelagert. Bei der hier zu besprechenden Stückgutlagerung in Hallen stehen je nach statischen und dynamischen Anforderungen zur Verfügung:

— Lagerung ohne Lagergestelle: Bodenlagerung;
— Lagerung in Lagerstellen: Regallagerung;
— Lagerung (Pufferung) in Stetig- und Unstetigförderern.

Weitere Unterscheidungsmöglichkeiten sind gegeben nach
— der Lagerart: Einzel-, Linien- oder Blocklagerung;
— der Funktion:
  — *Produktionsläger* als Wareneingangslager (Rohstoff-, Kaufteil-, Halbzeuglager), Zwischenlager (Puffer-, Halbfabrikatelager), Fertigwarenlager (Versand-, Auslieferungslager);
  — *Hilfs- und Nebenläger* als Werkzeug-, Leergut-, Vorrichtungs-, Modellager;
  — *Handelsläger* als Speditions-, Spekulations-, Zollager;
  — *Kommissionierläger* als Verteil-, Vorrats-, Ersatzteillager,
— dem Lagergut: Stückgutlager, Schüttgutlager.

An Stückgutlagerungssystemen gibt es:

1. Bodenlagerung
   1.1 ohne Hilfsmittel als
      1.1.1 Einzellagerung,
      1.1.2 Linienlagerung,
      1.1.3 Blocklagerung;
   1.2 mit Hilfsmittel als
      1.2.1 Einzellagerung,
      1.2.2 Linienlagerung,
      1.2.3 Blocklagerung;
2. Regallagerung
   2.1 Linienlagerung
      2.1.1 Fachbodenregal,
      2.1.2 Palettenregal,
      2.1.3 Hochregal,
      2.1.4 Lagergestelle;
   2.2 Blocklagerung
      2.2.1 Einfahrregal,
      2.2.2 Durchlaufregal,
      2.2.3 Verschieberegal,
      2.2.4 Paternosterregal,
      2.2.5 Umlaufregal;
3. Lagerung in Stetigförderern
   3.1 Kreisförderer, power-and-free-Förderer,
   3.2 Gurtförderer, angetriebene Rollenbahnen,
   3.3 Bodenförderer, Schleppkettenförderer,
   3.4 Wandertische;

Tabelle 3.5. Richtwerte über Lager-Arbeitsgangbreiten in Abhängigkeit von der Lagerbedienung

Regalbediengerät		Arbeitsgangbreiten in m
Manuell, Handwagen		0,9 ... 1,2
Frontgabelstapler	bei Längseinlagerung der Pool-Palette, Tragfähigkeit des Fördermittels: 1,2 t (gilt für Frontgabelstapler bis Regalförderzeug)	3,0 ... 3,5
Schubmaststapler		2,5 ... 2,8
Vierwegstapler		
Quergabelstapler		
Kommissionierstapler		1,6 ... 1,8 (Vierwegstapler, Quergabelstapler, Kommissionierstapler)
Stapelkran		1,5 ... 1,7
Hochregalstapler		1,5 ... 1,8
Regalförderzeug		1,4 ... 1,6

4. Lagerung in Unstetigförderern
   4.1 umlaufende fahrerlose Schlepper,
   4.2 umlaufende fahrerlose Gabelhubwagen.

Die zur Lagerung der Güter möglichen oder erforderlichen Lagerhilfsmittel wie Paletten, Behälter, Kästen wurden im Abschnitt 1.5.3 beschrieben. Angaben über Regalgangbreiten in Abhängigkeit vom Förderhilfsmittel, vom Regalbediengerät und dessen Tragfähigkeit finden sich in Tabelle 3.5. Im folgenden sind die wichtigsten Lagerungssysteme mit ihren typischen Merkmalen zusammengestellt.

1.1.3 Bodenlager ohne Hilfsmittel als Blocklager

Konstruktiver Aufbau: Kein Regalgestell, Stapelbarkeit der Güter ist Bedingung, Gangbreiten entsprechend Bediengerät (Gabelstapler, Stapelkran), drei bis fünf Lagereinheiten übereinander.
Anwendung, Einsatz: Für große Mengen stapelbarer Güter je Artikel wie Kühlschränke, Herde, Papierrollen, Saisonartikel, Klinkersteine, Tabakfässer, Zelluloseballen; Einheitenlager, Reservelager, Zwischenlager.
Vorteile: Kein Kostenaufwand für Einrichtungen, hoher Flächen- und Raum-(80%)-Nutzungsgrad, flexible Lagerung.
Nachteile: Nicht „fifo" (first in, first out), sondern last in, first out; kein direkter Zugriff zu jeder Position, schlecht mechanisierbar, mittlere Umschlagsfrequenz, Kommissionierung nur ganzer Einheiten, personalintensiv.
Investitionskosten: Halle: um 6 m hoch, ca. 500 DM/m^2; Bedienung: Frontgabelstapler ca. 35 bis 38000 DM, Hilfsmittel: Evtl. Einwegpalette, besondere Verpackungsart, diverse Anbaugeräte für Gabelstapler je nach Fördergut.

1.2.2 Bodenlager mit Hilfsmittel als Linienlager

Konstruktiver Aufbau: Hilfsmittel erforderlich wie Flachpaletten, Aufsteckrahmen oder Aufsetzrahmen für Paletten, Boxpaletten oder Rungengestelle.
Anwendungen, Einsatz: Kleinere und größere Mengen kleinerer und größerer Stückgüter mit und ohne Stapelbarkeit; Möbel, Schaltschränke, Langgut, Flansche, druckempfindliche Güter, Saisonartikel; Lager wie 1.1.3.
Vorteile: Geringer Kostenaufwand, flexibler Lageraufbau.
Nachteile: „fifo" nur bedingt, Zugriff zu jeder Einheitslagerung nicht ohne weiteres möglich, personalintensiv, mittlerer Flächen- und Raumnutzungsgrad.
Investitionskosten: Siehe 1.1.3, Kosten für Hilfsmittel.

2.1.1 Fachbodenregale (Bild 3.3)

Konstruktiver Aufbau: Sie bestehen aus vorderen und hinteren Stützen, zwischen denen der Regalboden eingesetzt ist. Bauteile: Regalstützen (Vierkantrohre, Winkel- und U-Profile, Systemprofile mit verschiedener Lochung); Fachböden (meist aus Stahl: lackiert, verzinkt, Kunststoff beschichtet); Versteifungselemente aus Stahl; Zubehör (Rück-, Seiten- und Trennwände, Frontleisten); Ausführung als Schraub- oder meist als Steckregal, Baukastensystem. Regaltiefe: 0,4 bis 0,8 m; Regalbreite: meist um 1 m; Regalhöhe: um 2 m; Fachhöhe nach Lagergut; Regaldimensionierung nach Tragfähigkeit pro Fachboden; *ein-* und *mehrgeschossige* Ausführung; großflächige Fachbodenregale für Blechtafeln, Preßspanplatten, aufgerollte Teppiche, Stoff- und Plastikrollen; Bedienung manuell (großflächige Regale mit Gabelstapler, bei Rollengut: Anbaugerät an GS: Tragdorn).

Anwendung, Einsatz: Regale für Kleinteillagerung mit und ohne Sichtkästen, in Schubkästen (für Klein- und Kleinstteile in großer Artikelzahl mit kleinen Mengen und geringem Volumen), meist feste Lagerplatzordnung; Ersatzteillager, Magazin, Werkzeug- und Modellager, Vorrichtungslager, Kommissionierlager, Akten- und Büroartikellager.
Vorteile: Guter Zugriff zu jedem Artikel, gute Übersichtlichkeit, geringe Investitionskosten.
Nachteile: „Fifo" schwer zu verwirklichen, großer Verkehrsflächenanteil, geringer Flächen-(45 %) und Raumnutzungsgrad, Tragfähigkeit der Fachböden begrenzt, personalintensiv durch Handbedienung.
Investitionskosten: Halle: Siehe 1.1.3; Fachbodenregal: Breite 1 m, Tiefe 0,6 m, Höhe 2 m bei sechs Fachböden zu je 150 kg Tragfähigkeit; mittlere Kosten für Grund- und Anbaufeld in verschraubter Ausführung ca. 150 DM, in Steckausführung ca. 200 DM; Hilfsmittel: Evtl. Regalleiter, Kommissionierwagen, bei mehrgeschossiger Ausführung evtl. Lastenaufzug; für großflächige Fachbodenregale: Gabelstapler.

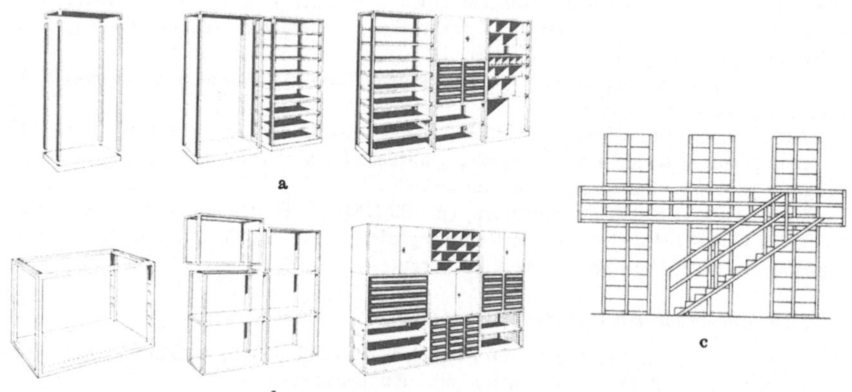

Bild 3.3. Fachbodenregal. **a** nach dem Steckprinzip, **b** nach dem Bausteinprinzip, **c** zweigeschossige Ausführung

2.1.2 *Palettenregale* (Bild 3.4)

Konstruktiver Aufbau: Zu unterscheiden:

- Palettenregale für *Mehrplatzlagerung*: Geschweißte oder geschraubte Regalrahmen werden nebeneinander aufgestellt und durch Auflagebalken verbunden. Die in Längsrichtung verlaufenden Auflagebalken haben je nach Anzahl der nebeneinander zu lagernden Paletten (bis fünf) unterschiedliche Länge und werden mit den an beiden Enden versehenen Hakenlaschen in die Lochung der Stützprofile eingehakt. Sicherungsklemmen verhindern unbeabsichtigtes Ausklinken der Auflagebalken z. B. mit dem Gabelstapler. Fachhöhe variabel. Dimensionierung des Regales nach Palettenabmessungen, Anzahl der nebeneinander stehenden Paletten, größter Ladehöhe und maximalem Palettenladungsgewicht.
- Palettenregale für *Einplatzlagerung*: Die Regalrahmen stehen nur eine Paletten- oder Behälterbreite auseinander und besitzen in Tiefenrichtung Auflagenprofile.

Ausführung der Regale: Lackiert oder verzinkt. Bedienung mittels Gabelstapler, Schubmaststapler, Schwenkgabelstapler. Unterscheidung in der Einlagerungsrichtung der Pool-Palette: *Längseinlagerung* und *Quereinlagerung* (die 1,2 m beziehungsweise die 0,8 m Seite liegt in Regaltiefe).

Anwendung, Einsatz: Vorherrschende Lagerungsart bei palettiertem Lagergut oder bei Großbehältern für kleinere und größere Mengen und für breites Sortiment. Lagergüter zwingend auf Lagereinheiten: Palette, Behälter. Festplatzordnung oder freie Platzwahl. Kommissionierung nur bei Quereinlagerung der Palette.

- Mehrplatzlagerung: Durch Auflagewinkel auf Auflagebalken ist Aufnahme von Behältern und Quereinlagerung der Pool-Palette möglich; Faßlagerung liegend mittels Faßlagerkufen.
- Einplatzlagerung: Je nach Abstand der Regalstützen Quereinlagerung der Pool-Palette, der Großbehälter und Stapelkästen möglich, bei Längseinlagerung der Pool-Palette ist Auflagebalken in Querrichtung vorzusehen.

Vorteile: Guter Zugriff zu jedem Artikel, Übersichtlichkeit, gute Höhennutzung, rationelle Bauweise, mittlere Investitionskosten, diebstahlsicher, druckfreies Lagern der Güter.

Nachteile: An bestimmte Lagerhilfsmittel gebunden, „fifo" nur möglich durch Organisation, Flächennutzungsgrad ca. 40% durch großen Verkehrsflächenanteil, überstehende Ladungen vermeiden, Mehrplatzlagerung: Gleiche Fachhöhen für mehrere Paletten.

Investitionskosten: Halle: Siehe 1.1.3; Palettenplatz je nach Höhe und Tragfähigkeit 40 bis 60 DM pro Platz; Bediengerät: Gabelstapler siehe 1.1.3, Schubmaststapler 45000 bis 50000 DM, Hilfsmittel: Paletten, Behälter, Kästen, Auflagewinkel.

Bodenverankerung erforderlich, wenn Höhe zu Breite des Regales das Verhältnis von 4:1 überschreitet (Doppelregale günstiger als Einfachregale).

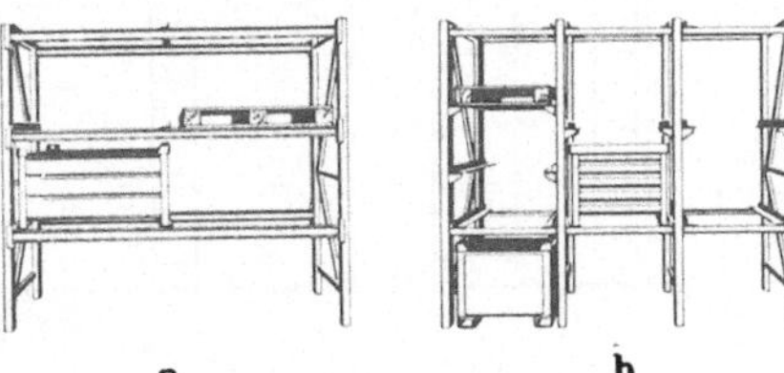

Bild 3.4. Palettenregal. **a** Mehrplatzlagerung, **b** Einplatzlagerung

2.1.3 Hochregallager (Bild 3.5)

Konstruktiver Aufbau: Zu unterscheiden

- *Hochregale* in Form von Fachboden-, Kragarm- oder Palettenregalen ab 6 bis 12 m Höhe, werden in ein vorhandenes Gebäude eingebaut. Regalrahmen werden im Boden verankert. Bedienung durch Hochregalstapler, Kommissionierstapler, Regalförderzeug und Stapelkran. Bei bodenverfahrbaren Regalförderzeugen müssen Regale Führungsleisten enthalten, um Horizontalkräfte aufzunehmen, beim regalverfahrbaren Förderzeug sind außerdem noch alle durch das Gerät verursachten Kräfte zu berücksichtigen.
- *Hochraumlager*: Hier tragen die Regale Dach und Seitenwände; um dies zu können, werden sie alle untereinander verbunden. An den Längsseiten des Lagers befinden sich Einzelregale, sonst Doppelregale. Bedienung meist durch Regalförderzeug oder Stapelkran. Lagerhöhen bis über 40 m, meist in Stahlbauweise, auch in Stahlbeton.

Anwendung, Einsatz: Hochregale für großes Artikelsortiment, große Zahl von Paletten, Behältern oder Kästen. Kommissionierung meist aus Fachbodenregal oder aus Palettenregal bei Quereinlagerung der Pool-Paletten. Hochraumlager für großes Artikelsortiment und großen Mengen, vollautomatische Ein- und Auslagerung.

Vorteile: Guter Zugriff zu jedem Artikel, geringer Verkehrsflächenanteil, diebstahlsicher, gute Flächen-(60%) und Raumausnutzung, gute Abschreibungsmöglichkeiten, große Kapazität, hoher Güterumschlag, Unabhängigkeit vom Personaleinsatz.

Nachteile: Zwingende Organisation, „fifo" durch Organisation, festgelegte Kapazität, nur für eine Förderhilfsmittelgröße, Gewichtsmengenbegrenzung, hohe Investitionskosten, hoher technischer Aufwand, geringe Anpassung an Betriebsumstellungen, Einzweckgebäude bei Hochraumlager, Zu- und Abführförderer erforderlich, keine Auslagerung bei Ausfall des Regalförderzeuges, Lieferzeitdauer, nur einwandfreie Paletten zu benutzen.

Investitionskosten: Halle: 8 bis 13 m Höhe, 700 bis 750 DM/m²; Hochregal: 150 bis 200 DM/Palettenplatz; Bedienung: Regalförderzeug 140000 bis 160000 DM; Hochregalstapler 120000 bis 130000 DM, Hochraumlager: 650 bis 1400 DM pro Palettenplatz einschließlich Regalförderzeug, Steuerung, Gründung und Bau. Hilfsmittel: Paletten, Behälter, Kästen; Zu- und Abführförderer; Steuerungssystem.

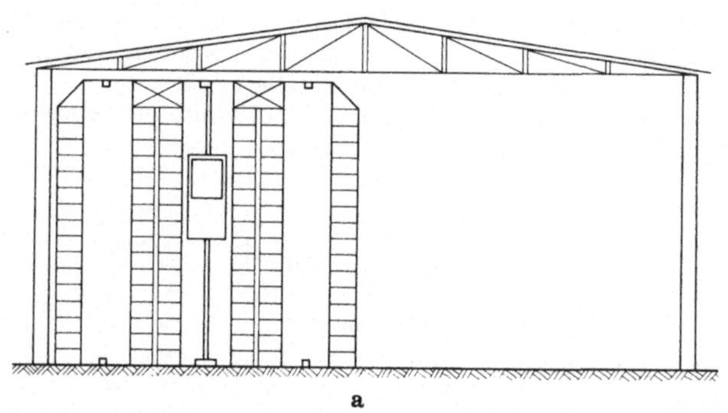

a

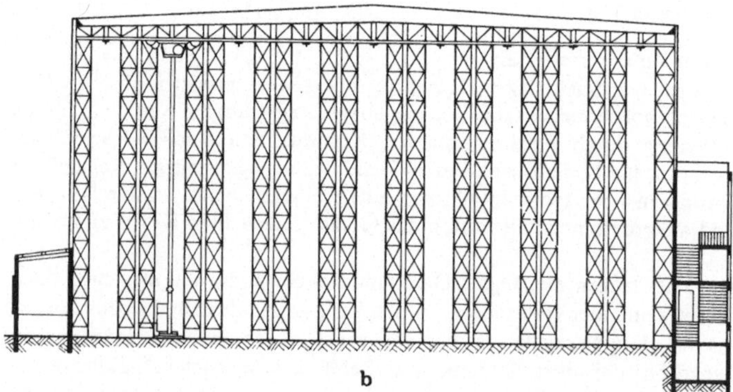

b

Bild 3.5. Hochregallager. **a** Hochregal in Halle, **b** Hochraumlager

2.1.4 Lagergestelle (Bild 3.6)

Es gibt eine Reihe von Lagergestellen, deren wichtigste das Kragarmregal (Auslegerregal) ist.

Konstruktiver Aufbau: Mittelstütze mit Bodenriegel, die einseitig oder beidseitig mit Kragarmen ausgerüstet ist. Diese Stützen sind in Längsrichtung in einem bestimmten Abstand aufgestellt und mittels Längs- und Diagonalstreben verbunden. Die Kragarme können fest angeschweißt oder höhenverstellbar ausgebildet sein und die unterschiedlichsten Formen und Ausführungen haben (teleskopierbar, horizontal, geneigt, mit Abrollschutz usw.). Das Langgut, die Langgutpalette oder die Langgutwanne wird von den Kragarmen aufgenommen. Dimensionierungsgrößen: Belastung pro Kragarm, Anzahl der Kragarme, Abstand der Stützen voneinander (max. bis 200 t pro Regalstütze). Bedienung: Manuell, mittels Kran, Stapelkran, Portalkran, Quergabelstapler, Vierwegstapler, Regalförderzeug.

Sonderkonstruktionen: Kragarmregal mit von unten nach oben kürzer werdenden Kragarmen für liegende Lagerung; Ständerregal für stehende Lagerung von Langgut, aber auch von flächigem Gut; Wabenregal (Tieffachregal) für Langgut (Kompaktregal), wobei das Langgut von der Stirnseite horizontal in kanalähnliche Fächer eingeschoben wird. Aufbau entweder aus starren Rahmenstützen oder durch Übereinandersetzen U-förmiger Rahmen, die in bestimmten Abständen hintereinander angeordnet und teilweise miteinander verbunden werden.

Anwendung, Einsatz: Für Rohre, Profile, Stabmaterial jeglicher Art als Rohmaterial- oder Fertigwarenlager. Bei großem Sortiment und hoher Umschlagsfrequenz kann durch gegenüberliegende Anordnung zweier Waben-Regale in Verbindung mit einer Lagermaschine, das Langgut entnommen, abgelängt und der Rest wieder ins Regal eingelegt werden, so daß ein günstiger Materialfluß entsteht.

Vorteile: Übersichtlichkeit, sachgemäße Lagerung, einfache Disposition und Inventur, bei großer Umschlagsfrequenz und hoher Artikelzahl weitgehende Mechanisierung möglich.

Nachteile: Bedienung mittels Laufkran schwierig und zeitraubend, geringe Lagermenge pro Auflage, meist nur manuelle Bedienung möglich.

Investitionskosten: Halle: Siehe Nr. 1.1.3; Bediengeräte: Seitenstapler: 40000 bis 50000 DM; Vierwegstapler: 50000 bis 55000 DM; Hilfsmittel: Drahtkörbe, Blechwannen, Langgutpaletten.

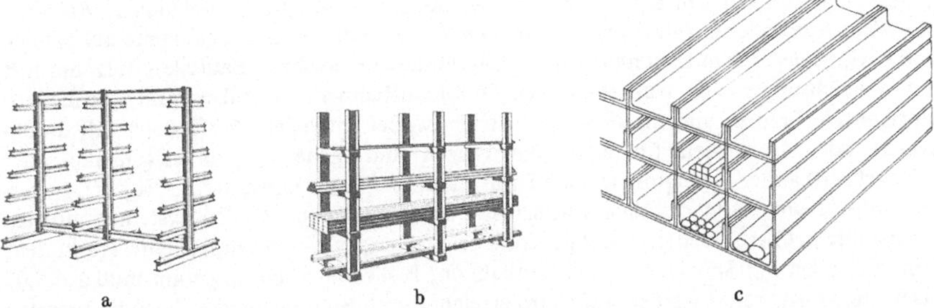

Bild 3.6. Lagergestelle für Langgut. **a** Kragarmregal als Christbaumregal (seitliche Bedienung), **b** Stapel-Langgutgestell (Stirnflächenbedienung), **c** Wabenregal

2.2.1 Einfahrregale (Bild 3.7)

Konstruktiver Aufbau: Vorstellbar als Hintereinanderreihung von Palettenregalen mit Einplatzlagerung. Die auf Paletten (Quereinlagerung) oder in Behältern gelagerten Güter können in mehreren Ebenen hintereinander und übereinander gelagert werden. Das Bediengerät muß dabei mit gehobener Last in den „Regalgang" einfahren. Die Fachhöhen sind in einer Ebene gleich hoch. Man spricht von *Einfahrregalen* (drive-in-Regale), wenn das Regal nur von einer Seite bedient werden kann, dagegen von *Durchfahrregal* bei beidseitiger Bedienung. Bediengerät: Gabelstapler.
Anwendung, Einsatz: Für nicht stapelbare Paletten mit geringem Umschlag (B-Artikel) und größeren Mengen gleichen Lagergutes, Saisonlager z. B. für Campingartikel.
Vorteile: Kompaktlagerung mit gutem Raum- und Flächen-(70%) Nutzungsgrad.
Nachteile: Paletten nicht im direkten Zugriff, kein „fifo", sondern „last in, first out", Palette oder Behälter zwingend erforderlich, nicht ganz einfache Ein- und Auslagerung.
Investitionskosten: Halle: Siehe 1.1.3; Regal: 85 bis 110 DM pro Palettenplatz; Bedienung: Gabelstapler siehe 1.1.3 und 2.1.2; Hilfsmittel: Palette, Behälter.

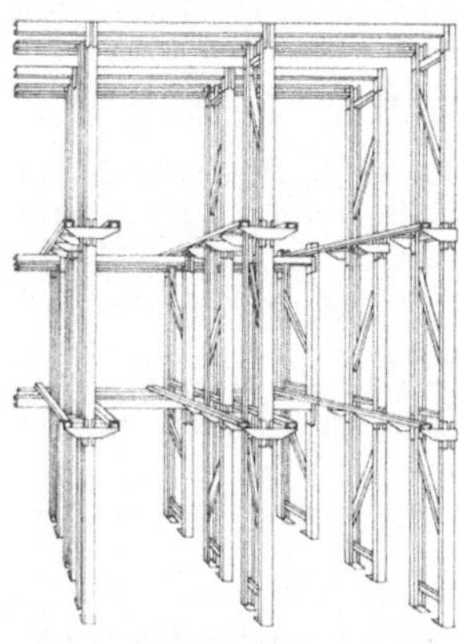

Bild 3.7. Einfahrregal (Drive-in Regal)

2.2.2 Durchlaufregale (Bild 3.8)

Konstruktiver Aufbau: Kompakter Regallagerblock, aufgebaut aus neben- und übereinander angeordneten Durchlaufkanälen, welche das Lagergut in Behältern (*Behälterdurchlaufregal*) oder auf Paletten (*Palettendurchlaufregal*) an der Eingabeseite aufnehmen und nach begleitfreiem Durchlauf an der Entnahmeseite abgeben. Bauteile: Stützenprofile mit Vorrichtungen zur Aufnahme der Durchlaufbahnen. Ausführungsmöglichkeiten: Horizontale Bahnen und motorischer Antrieb, wobei entweder Stauförderer mit druckarmem oder drucklosem Staueffekt einzusetzen sind; geneigte Bahnen (Gefälle- oder Schwerkraftbahnen), Neigung je nach Rollsystem und Lagerhilfsmittel (3° bis 8°), Lagergut muß in ungünstigen Fällen von selbst wieder Anlaufen. An Rollsystemen gibt es: Rollpalette in Gleitschienen; durchgehende Tragrollen; zwei- oder dreigeteilte Tragrollen; Stummelrollen mit Spurkranz; Röllchenbahnen; Röllchenleisten. Lagergut muß auf 0,07 bis 0,2 m/s abgebremst werden; dies wird erreicht durch Bremselemente, die in bestimmten Abständen eingebaut sind, durch angetriebenen Freilauf oder durch Wirbelstrombremsung. An der Entnahmeseite des Regals müssen Stopp- und Vereinzelungseinrichtungen vorhanden sein.

Sonderkonstruktionen: *Durchschubregal* (Durchrutschregal): Keine Tragrollen, sondern Gleitflächen mit dem Lagergut (meist Kartons) entsprechend großer Neigung, nur kurze Durchschubkanäle (bis 5 m).

Anwendung, Einsatz: Palettendurchlaufregal: für große Mengen pro Artikel bei kleinem Sortiment, und großer Umschlagsfrequenz der Artikel; Puffer-, Kommissionier- und Fertigwarenlager; Kanallänge bis 40 m; Bedienung: Regalförderzeug, Gabelstapler. Behälterdurchlaufregal: Für große Mengen je Artikel mit mittlerem Sortiment und großer Umschlagsfrequenz pro Artikel; Kommissionier- und Fertigwarenlager; Kanallänge bis 20 m; Bedienung: Regalförderzeug, manuell.

Vorteile: „Fifo" zwangsweise gewährleistet, Ein- und Auslagerungsvorgang getrennt, ständiger und guter Zugriff zu jedem Artikel, gute Übersichtlichkeit, leichte Bestandsaufnahme, hoher Flächen-(65%) und Raumnutzungsgrad, vollautomatische Ein- und Auslagerung möglich.

Nachteile: Hohe Investitionskosten, hoher technischer Aufwand, nur einwandfreie Paletten zu verwenden, Schwerkraftantrieb; Bremsen der Paletten, Vereinzelung der 1. Palette.

Investitionskosten: Halle: Siehe Nr. 1.1.3 und 2.1.2; Palettendurchlaufregal: 400 bis 500 DM pro Palettenplatz; Bedienung: Gabelstapler siehe 1.1.3, Regalförderzeug siehe 2.1.3; Behälterdurchlaufregal: Bei geringem Behältergewicht 20 bis 50 DM pro Behälterplatz; Hilfsmittel: Paletten, Kästen mit glatten Böden.

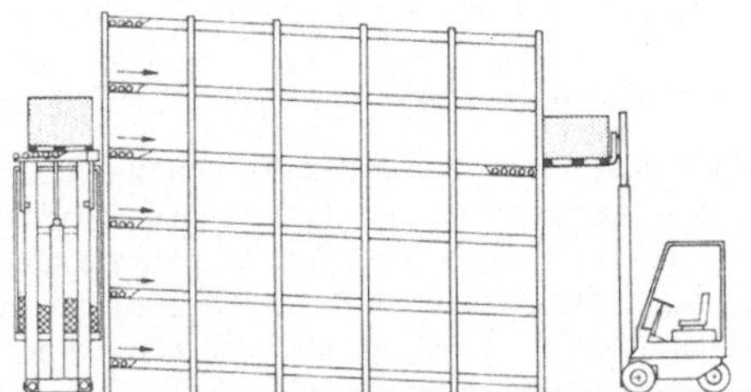

Bild 3.8. Palettendurchlaufregal

2.2.3 Verschieberegal (Bild 3.9)

Konstruktiver Aufbau:

— *Längsherausziehbares* Regal (Einschubregal, Zugschrank) ist aus nebeneinander angeordneten Regaleinheiten aufgebaut, die sich herausziehen lassen und von beiden Seiten bedient werden können. Die Regaleinheiten besitzen entweder Fachböden oder Lochplatten.

— *Parallelverfahrbares* Regal (Verschieberegal) besteht aus verfahrbarem Unterwagen, auf dem alle Arten von Regaltypen als Doppelregale aufgesetzt werden können: Fachboden-, Paletten-, Kragarmregale usw. Der Unterwagen bewegt sich auf Schienen und wird durch Rollen geführt. Die einzelnen Wagen mit ihren Regalaufbauten werden dicht zusammengefahren. Für 8 bis 10 Regaleinheiten ist nur ein Bedienungsgang vorgesehen. Je nach Schwere und Größe der Verschieberegale wird das Verfahren der Wagen durch Handverschieben, mittels Drehgriffantrieb oder durch motorischen Antrieb erreicht. Aus Kippsicherheitsgründen ist das Verhältnis Regalhöhe zu Regalbreite 4:1.

Anwendung, Einsatz: Für B-Artikel, zur kompakten Lagerung, für Artikel mit nicht zu hoher Zugriffshäufigkeit, für Güter wie Modelle, Werkzeuge, Vorrichtungen, Akten,

Langgut, Rohmaterialien; Einschubregale: Apotheken, Handel, Kundendienstwerkstätten, Werkzeug- und Ersatzteillager; Verschieberegal: Rohstoff-, Zwischen- und Fertigwarenlager.

Vorteile: Hoher Flächen-(75%) und Raumnutzungsgrad, Zugriff zu jedem Artikel, durch Gangöffnungsvorwahl schnellerer Zugriff, Flexibilität in den Regalaufbauten.

Nachteile: Hohe Investitionskosten, geringe Übersichtlichkeit, geringere Ein- und Auslagerungsfrequenz, Sicherheitseinrichtungen erforderlich, Bedienungsgang beim Einschubregal muß die Breite der Regaltiefe haben.

Investitionskosten: Halle: Siehe 1.1.3; Regal: 170 bis 240 DM pro Palettenplatz bei Palettenregalaufbau; Bedienung: Gabelstapler; Stapelkran; Portalkran; Hilfsmittel je nach Regalaufbau.

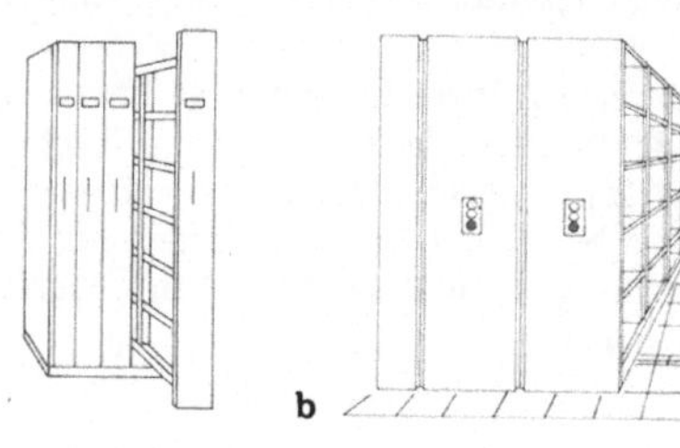

Bild 3.9a u. b. Verschieberegal. **a** Einschubregal, **b** mit Elektro-Einzelrahmenantrieb

Kurz soll noch erwähnt werden:

2.2.4 Paternosterregal (Bild 3.10)

Es besteht aus parallelen, endlos umlaufenden Kettensträngen, die durch unterschiedliche Lastaufnahmemittel wie Tragstangen, Gondeln usw. verbunden sind. Ausführung als Etagen-, Schlangen- und Schrankpaternoster. Eingesetzt für B- und C-Artikel oft über mehrere Stockwerke, z. B. als Walzenlager in der Druckindustrie, Lager für Teppichrollen, oder für Langgut. Die *Schrankpaternoster* sind zu finden in Magazinen, in Kommissionierlagern oder im Büro für Klein- und Kleinstteile, Werkzeuge, Vorrichtungen, Akten usw. Der Be- und Entnahmevorgang findet in Bodenhöhe statt, der Grundflächenbedarf ist gering. Zu den Artikeln besteht kein direkter Zugriff, so daß Wartezeiten für die Entnahme in Kauf genommen werden müssen.

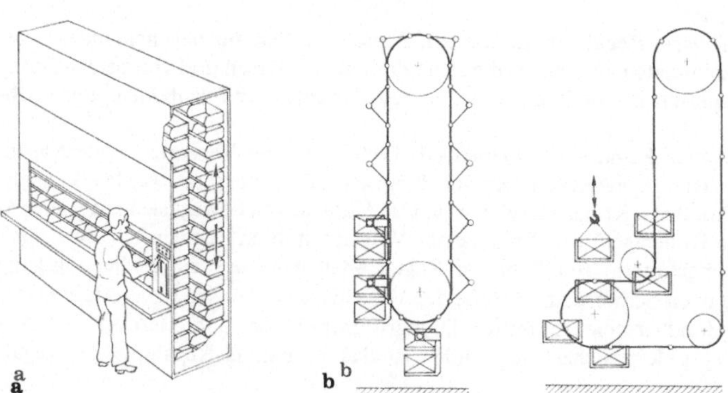

Bild 3.10. a Schrankpaternosterregal für Kleinteile, **b** Etagenpaternoster (Prinzipskizze)

2.2.5 Umlaufregal

Man unterscheidet horizontal und vertikal umlaufende Regale, die allerdings in der Industrie noch geringe Bedeutung haben wegen der hohen Investitionskosten und schlechter Zugriffszeiten. Geeignet für B- und C-Artikel. Kommissionierung nach dem Prinzip „Ware kommt zum Mann" mit serienorientierter serieller Auftragszusammenstellung. Eine Sonderkonstruktion stellt das auch in der Fertigung verwendete horizontale Umlauflager nach Bild 3.11 dar, das, als Lager benutzt, von der Stirnseite aus bedient wird.

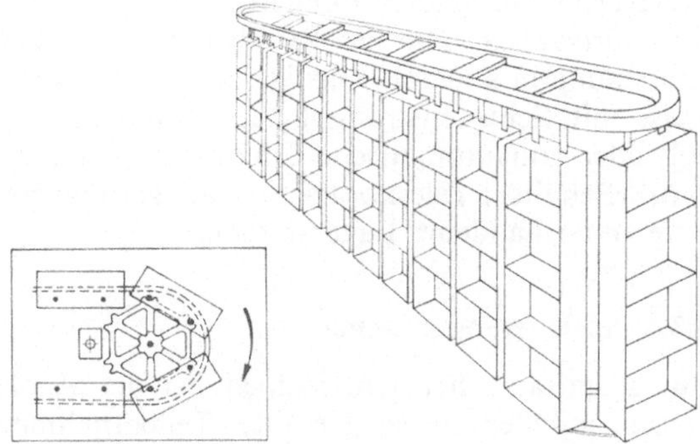

Bild 3.11. Horizontales Umlaufregal (Karusselregal)

3.3.3 Einlagerungssysteme

Hat die Wareneingangskontrolle das Lagergut zur Einlagerung in das Lagersystem freigegeben oder soll Stückgut aus der Produktion ins Zwischen- oder Fertigwarenlager eingelagert werden, so wird ein Förder- und Einlagerungsvorgang erforderlich. Dieser Vorgang kann mit einem oder mehreren geeigneten Transportmitteln durchgeführt werden unter Berücksichtigung und in Abhängigkeit von

— den einzulagernden Förderhilfsmitteln mit dem Lagergut;
— der Anbindungsmöglichkeit an vorhandene Fördermittel;
— dem Auslagerungsvorgang.

Man unterscheidet manuelles, mechanisches, teil- und vollautomatisches Einlagern.

Manuelles Einlagern: Lagergut möglichst in Förderhilfsmitteln, bis maximal 10 (15) kg Gewicht, maximale Einlagerungshöhe bei eindimensionaler Fortbewegung 2 m, personalintensiver Vorgang.

Kommissionierstapler: Sowohl für Paletten als auch besonders für Kästen, unterschiedliche Lastaufnahmemittel: Teleskopgabel, Gabel, Rollenbahn, Kugeltisch, Blechtisch; Einlagerungsvorgang durch den Fahrer manuell; Einlagerung von Teilmengen zur Bestandsauffüllung.

Gabelstapler: Flach- oder Boxpaletten erforderlich, Vorbereitung in Form von Palettierung des Lagergutes, Einlagerungshöhe bis 6 m, gute pro Kopf-

Leistung, Investitionskosten niedrig, Einlagerung nur ganzer Einheiten; viele Staplertypen wie Schubrahmenstapler, Vierwegstapler, Quergabelstapler.
Hochregalstapler: Siehe Gabelstapler, Einlagerungshöhe bis 12 m, hohe Investitionskosten, unwirtschaftlich für Transportarbeiten, Einlagerung nur ganzer Einheiten über C-Gabel (selten), Schwenkschubgabel, Teleskopgabel.
Stapelkran: Inner- und außerhalb des Regalganges verfahrbar, hohe Flexibilität, besonders bei Teleskop- und Drehsäule, hohe Investitionskosten, Einlagerung nur ganzer Einheiten.
Regalförderzeug: Nur im Regalgang verfahrbar, bei geringer Auslastung Umsetzung in anderen Regalgang möglich, geringe Flexibilität, Regalgang meist mit Schienenstrang belegt, hohe Investitionskosten, mechanische, teil- oder vollautomatische Einlagerung ganzer Paletten mittels Teleskopgabel (Behälter: Teleskoptisch), Einlagerungshöhe 6 bis 40 m, hohe Anpassung an vorhandenes Lagersystem.

3.3.4 Auslagerungssysteme

Ein grundsätzlicher Unterschied bei der Auslagerung besteht darin, ob ganze Einheiten ausgelagert oder Teilentnahmen durchgeführt werden sollen. Im ersten Fall ist mechanisierte oder vollautomatisierte Auslagerung möglich mittels Gabelstapler, Hochregalstapler, Stapelkran, Regalförderzeug. Dies bedeutet bei Vollautomation hohen Investitionsaufwand durch spezielle Anforderung an Steuerung, Gebäude und Regalförderzeug, aber: guter Raumausnutzungsgrad, geringer Personalbedarf, hohe Leistung.

Nach Abschnitt 3.2.4 wird als Entnahme von Artikeln aus einer Einheit das Vereinzeln und Greifen von Einzelpositionen verstanden, wobei ein Entnahmevorgang auch mehrere Positionen pro Artikel bei einem Zugriff enthalten kann.

Manuelle Entnahmen sind möglich:

- Durch stehende oder sitzende Kommissionierer bei dynamischer Bereitstellung an speziellen Kommissionierplätzen außerhalb des Regalganges (Abschnitt 3.2.4 und Beispiel 3.3.1 im Abschnitt 3.6); Anwendung bei serienorientierter Auftragszusammenstellung; Rücktransport der Anbruchpaletten oder -behälter;
- durch zu Fuß gehende Kommissionierer; Abgabe der gesammelten Artikel in Behälter, die auf Handwagen weitertransportiert oder auf vorbeifahrende Stetig- bzw. Unstetigförderer gesetzt werden wie angetriebene Rollenbahnen, Gurtförderer, Kreisförderer, power-and-free-Förderer, Einschienenhängebahnen, induktiv gesteuerte Schlepper;
- durch fahrende Kommissionierer vom Regalförderzeug oder vom Kommissionierstapler aus; hierdurch kürzere Wege, größere Kommissionierhöhen, höhere Fortbewegungsgeschwindigkeiten, höhere Kommissionierleistung (Tabelle 3.4); Abgabe der gesammelten Artikel in Behälter oder auf Paletten.

3.3.5 Spezielle Fördermittel und Einrichtungen

Für die Anbindung des Lagers an den innerbetrieblichen Materialfluß, im Vorlagerbereich, für den Ein- und Auslagerungsvorgang sowie für das Kommissionieren, Etikettieren, Umordnen und Verpacken der Lagergüter sind in Abhängigkeit von der Art der Ladeeinheit, deren Mengen und Frequenzen, Fördermittel und Maschinen erforderlich. Speziell für den Lager- und Kommissionierbereich wurden verschiedenartige Fördermittel entwickelt.

Bediengeräte für *Bodenlagerung* sind:

- Frontgabelstapler mit Anbaugeräten (hydraulisch betätigte Rollen-, Ballen- und Kartonklammer, Tragdorn, hydraulisches Drehgerät ...);
- Seiten-(Quer-)gabelstapler für Langgut und sperriges Gut;
- Schubgabel- und Schubrahmenstapler mit geringer Gangbreite;
- Vierwegstapler zur Bedienung von Block- und Langgutlagern mit besonders großer Wendigkeit und geringer Gangbreite;
- Portalhubwagen (Torlader), Portalstapler (Torstapler, Van Carrier) für den Transport sperriger Güter und Container;
- Stapelkran mit speziellen Lastaufnahmemitteln;
- diverse Krantypen (Brückenkran, Portalkran, Mobilkran) für den Einsatz im Freilager.

Unter einem Stapelkran ist eine Kombination aus Kran und Stapler zu verstehen. An einer Kranbrücke (Lauf- oder Hängekran) ist eine Katze verfahrbar angebracht, die mit einer senkrechten, drehbaren, meist auch teleskopierbaren, biegesteifen Säule verbunden ist. Am Ende der Säule befindet sich ein Lastaufnahmemittel (z. B. Zange für Papierrollen, Gabel für Paletten). Der Stapelkran zeichnet sich aus durch flächensparende Hochlagerung, flurfreie und schnelle Arbeitsweise. Als regalunabhängiges Regalbediengerät wird für den Ein- und Auslagerungstransport von Lagereinheiten vom Wareneingang bis zum Warenausgang kein zusätzliches Fördermittel benötigt.

Bediengeräte für *Regallagerung* werden unterteilt in regalunabhängige und regalabhängige Regalbediengeräte. Die ersteren können sich sowohl im wie auch außerhalb des Regalganges bewegen. Hierzu zählen die meisten der Bediengeräte für die Bodenlagerung mit Ausnahme der Torlader, Torstapler und Krantypen. Weitere regalunabhängige Regalbediengeräte sind Kommissioniergeräte mit festem und hebbaren Bedienungsstand sowie Hochregalstapler. Diese Fördermittel bewegen sich nur noch geradlinig im Regalgang, was zu geringen Arbeitsgangbreiten führt. Durch Zwangsführung bei den Staplertypen wird die Lenkung ausgeschaltet, wodurch der Kommissionierer von der Lenkarbeit entlastet wird.

Kommissioniergeräte ohne hebbaren Bedienungsstand besitzen heute meist eine Mitfahrgelegenheit und wurden speziell für die Kommissionierung von Waren aus der unteren Regalebene (bis 1,8 m Höhe; low-level-Bereich) gebaut. Diese aus deichselgeführten Niederhubwagen entwickelten

Kommissioniergeräte sind zu finden in Lebensmittelgroßhandlungen, Spielwarenlagern, Konfektionierhandel. Für das Kommissionieren in Lagern mit Beschickungshöhen bis 8,5 m werden Kommissioniergeräte mit hebbaren Fahrerstand (Kommissionierstapler, Magazinstapler) eingesetzt, d. h. der Fahrer begleitet in seiner Fahrkabine die vertikalen Bewegungen der Last und steuert das anzufahrende Lagerfach an. Das Lastaufnahmemittel kann aus einer Plattform, einer Rollenbahn, einem Kugeltisch oder freitragenden Gabeln bestehen, wobei als Arbeitshilfe ein zusätzlicher Hub für das Lastaufnahmemittel vorhanden ist (Bücken beim Ablegen des Kommissioniergutes auf dem Tisch entfällt). Je nach Ausbildung der Lastaufnahmemittel erfüllen die Kommissioniergeräte auch die Funktion der Ein- und Auslagerung. Tragfähigkeit der Geräte: 300 bis 500 kg (max. 1,2 t).

Mit dem Hochregalstapler können Lager bis zu 12 m Höhe mit Lasten bis 1 t beschickt werden. Die Besonderheit dieses Staplertypus ist eine seitliche Einstapelvorrichtung in Form von Schwenkschubeinrichtung oder Teleskopgabel (C-Haken und Teleskoptisch sind selten). Während die Schwenkschubgabel die Last direkt vom Boden seitlich oder frontal aufnehmen kann, ist bei der Teleskopgabel eine Zentrierstation oder Rollenbahn für die seitliche Aufnahme erforderlich (Paletten dürfen in Einlagerungsrichtung kein Unterbrett aufweisen). Eingesetzt werden Hochregalstapler für Regalhöhen ab 5 m. Der Mast ist durch ein zusätzliches Profil verwindungssteif ausgebildet. Von ausschlaggebender Bedeutung ist die Maßgenauigkeit und Festigkeit (Druckfestigkeit ca. 2000 N/cm^2) des Fußbodens, aber auch die Regalaufbaugenauigkeit spielt für den Einsatz und für die Einstapelgenauigkeit eine erhebliche Rolle. An Arbeitshilfen werden lichtoptische Horizontalpositionierung gegeben und ein mechanisches Höhenzählwerk, oder eine automatische Höhenvorwahl ist für die Vertikalpositionierung verantwortlich.

Zu den *regalabhängigen* Regalbediengeräten, die sich nur im Regalgang fortbewegen können, sind die schienengebundenen Regalförderzeuge (RFZ) zu rechnen, die decken-, regal- oder meist bodenverfahrbar ausgebildet sind. Aus dem Stapelkran mit oben liegender Brücke wurden die RFZ-Bediengeräte entwickelt, die aus biege- und torsionssteifen Säulen in Ein- und Zweimastausführung gebaut werden. Die bodenverfahrbaren Geräte stehen auf zwei Rädern, die in einer Bodentraverse eingelassen sind, fahren auf Schienen und sind oben gegen seitliches Kippen am Regal geführt. Fahr- und Hubwerke befinden sich zur leichteren Wartung in Bodennähe. Die Hubeinheit besteht aus dem Führerhaus und dem Lastaufnahmemittel. Um das Lagergut aufnehmen und abgeben zu können, fährt es vor den Regalgang zu den Übergabestellen (Rollenbahn, Kettenförderer). Die Stromübertragung geschieht meist über Schleppkabel oder Schleifleitungen.

Durch die vorgegebene Fahr-, Hub- und Gabelausfahrgeschwindigkeit ($v_x \approx 2{,}4$ m/s; $a_x \approx 0{,}3$ m/s^2; $v_y \approx 0{,}7$ m/s; $a_y \approx 0{,}3$ m/s^2; Gabelspiel ca. 14 s) liegen die Umschlagsleistungen der RFZ fest und können auch durch Fahrwegoptimierung nicht entscheidend verbessert werden. Da ein Gerät in einem Regalgang voll ausgelastet sein soll (hiernach richten sich auch die Abmessungen eines Lagers), kommen heute Lager mit Umsetzeinrichtungen weniger vor. Die normalen Abmessungen eines Regalfeldes liegen bei 80 bis 100 m Länge und 18 bis 24 m Höhe. Die größten RFZ sind mehr als 40 m hoch. Die Tragfähigkeiten betragen im Mittel 1,5 t. RFZ werden nicht nur zum Ein- und Auslagern ganzer Ladeeinheiten bei großen Höhen eingesetzt, sondern sind bis ca. 12 m Höhe als Kommissioniergeräte tätig, wobei sie manuell bedient werden. Der Aufbau aller RFZ ist als Baukastensystem durchgeführt, so daß die Bauteile austauschbar und betriebssicher sind (Bild 3.12; weitere Informationen VDI-Richtlinien 2361 Bl. 1, 2, 2495, 3561).

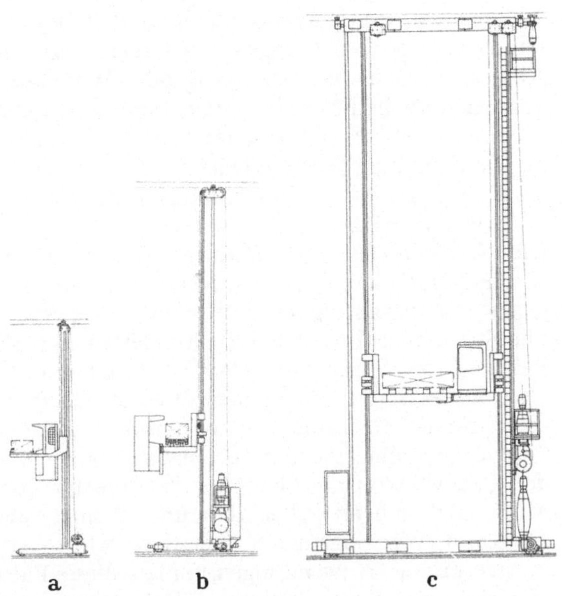

Bild 3.12a—c. Verschiedene Regalförderzeuge.

a Kommissioniergerät mit manueller Steuerung (Tragfähigkeit: 300 kg, Gerätehöhe bis 12 m, Hubgeschwindigkeit: bis 18 m/min, Fahrgeschwindigkeit: 10 bis 80 m/min),

b Einsäulengerät zum Ein- und Auslagern ganzer Ladeeinheiten und zum Kommissionieren, Steuerung manuell, teil- oder vollautomatisch (Tragfähigkeit: 1000 kg, Gerätehöhe: bis 20 (40) m, Hubgeschwindigkeit: bis 40 m/min, Fahrgeschwindigkeit: bis 160 m/min),

c Zweisäulengerät zum Ein- und Auslagern ganzer Ladeeinheiten (auch Langgut), Steuerung vollautomatisch, aber auch manuell (Tragfähigkeit: 4000 kg, Gerätehöhe: bis 40 m, Hubgeschwindigkeit: bis 20 m/min, Fahrgeschwindigkeit: bis 160 m/min)

Für den zu- und abführenden Transport im Lagerbereich trifft man Fördermittel in Abhängigkeit vom Transportgut bzw. vom Förderhilfsmittel an. Es werden benutzt beim Transport von

— *Paletten* außer dem Gabelstapler: Rollenfördersysteme, die aus Drehtischen, Etagenförderer, angetriebenen Rollenbahnen, Rollenhubtisch, Schwenktisch, Tragkettenförderer, Verschiebewagen und Verschiebehubwagen bestehen (Bild 2.7 und 2.8);
— *Kästen* mit glatten Böden: Angetriebene Rollenbahnen, Stauförderer, Ein- und Ausschleusvorrichtungen, Gurtförderer, Schwerkraftröllchenbahnen;
— *Stapelbehältern*: Alle Arten von Gabelstaplertypen, oder die Förderhilfsmittel mit dem Fördergut werden an- oder abgeliefert durch *Stetigförderer* (Kreisförderer, power-and-free-Förderer, Schleppkettenförderer, Unterflurförderer usw. oder *Unstetigförderer* (induktiv gesteuerte Schlepperzüge, Einschienenhängebahnen usw.).

Wenn Umordnungsfunktionen speziell Be- und Entladungen von Pool-Paletten an großen Mengen von Lagergütern mit gleichen oder ähnlichen Abmessungen im Wareneingang oder Warenausgang durchzuführen sind, können spezielle Maschinen dazu eingesetzt werden wie

— *Palettenbelader* (Palettierer) zur vollautomatischen Herstellung einer Plattenladung (Ladeeinheit);
— *Palettenentlader* (Depalettierer) zum schnellen vollautomatischen Entladen einer Palette.

Die Schnelligkeit und Wirtschaftlichkeit in einer Verpackungs- oder Versandstraße kann bei entsprechenden Packmengen pro Zeiteinheit durch einen Palettierautomaten erheblich gesteigert werden. Standardanlagen mit Stundenleistungen bei Pool-Paletten mit 2500 Kästen, Kartons oder Paketen, 1500 Säcke oder 1000 Großdosen oder Kisten sind auf dem Markt. Um eine bessere Ladungssicherung auf den Paletten zu gewinnen, werden die einzelnen Packstücke in bestimmten *Packmustern* lagenweise auf die Palette gebracht. Palettierautomaten können meist für verschiedene von der Packstückform abhängige Packmuster programmiert werden. Um Mischpaletten herzustellen, d. h. um auf einer Palette verschiedene Produkte zu lagern, wird lagenweise palettiert, wobei jede Lage ihr eigenes Packmuster erhält. Anwendungen finden diese Palettierer in der Getränke-, Nahrungsmittel- und chemischen Industrie sowie zur Herstellung von Mischpaletten für Supermärkte.

Beim Transport von Palettenladungen treten Beschleunigungs- und Verzögerungskräfte auf, wodurch die Palettenladung verrutschen kann. Daher ist eine *Sicherung* erforderlich, und die Industrie bietet eine Vielzahl von Möglichkeiten an, die sich je nach Art und Gegebenheiten des Palettengutes anwenden lassen. So bietet sich die Möglichkeit, Gleitschutzmittel zwischen Sackware zu streuen, die Gutoberfläche aufzurauhen, Zwischenlagen aus Wellpappe einzulegen, Palettierkleber zu verwenden, Bindfaden- oder Packdrahtumschnürungen zu wählen oder Gummi- oder Stahlbandumreifungen zu verwenden, um nur einige aus der Vielzahl der Sicherungsmaßnahmen herauszugreifen. Automaten zum Umwickeln und Umreifen mit Schnur oder Band aus Kunststoff für Massengut z. B. in Versandhäusern sind auf dem Markt.

Palettensicherungen, die gleichzeitig einen *Witterungsschutz* darstellen und unentbehrliche Voraussetzung für Blocklagerung von druckunempfindlichen Kleinstückgut sind, stellen Schrumpf- und Streckfolien dar. Eine Schrumpfverpackungslinie besteht aus der Folienumwicklungseinrichtung (Schrumpfhauben, Seitenfaltenschläuchen oder Flachfolien) und dem Schrumpfofen (Schrumpfpistole). Bei Sicherung durch Streckfolie wird eine hochdehnbare, stark adhäsive PVC-Folie (0,02 mm dick) um die beladene Palette gewickelt, wobei durch den Wickelvorgang (Drehteller) die Folie um ca. 40% gedehnt wird. Die dadurch entstehenden Spannungen erzeugen eine Stabilisierung der Ladung. Es treten keine Anwärmprobleme auf, und der Energieverbrauch ist gering. Unterschiedliche Ladungshöhen werden durch Spiralwicklung mit Dehnfolie eingepackt.

Der Gestaltung von *Packtischen*, wo Kontroll-, Auftragszusammenstellungs- und Packvorgänge durchgeführt werden, ist deshalb große Aufmerksamkeit zu schenken, da hier durch arbeitsphysiologische Ausbildung und geschickte Anordnung Zeit eingespart werden kann. So gibt es Packtischsysteme in Baukastenweise, die den speziellen Bedürfnissen jeweils angepaßt werden. Wenn ständig Massenteile bei Kommissionieraufträgen, im Warenein- oder -ausgang oder bei der Inventur gezählt werden müssen, sind Zählwaagen einzusetzen. Magazine für Kartonage, Verpackungspapier, Polster- und Füllmaterialien können über und/oder unter dem Packtisch angeordnet werden. An Abfallbehälter, an Ablagen für Klebstreifengeber, an Zettelkästen für Aufkleber- und Versandpapiere, an Schneidegeräte für Papier, Wellpappen oder Verpackungsfolie ist bei der Planung eines Packtisches zu denken.

Der *Verladerampe* ist als Schnittstelle und Bindeglied des externen und internen Materialfluß erhöhte Aufmerksamkeit zu widmen. Einmal ändert sich mit zu- oder abnehmender Beladung eines Lkws aufgrund seiner Federung ständig das Niveau der Ladefläche, zum anderen schwanken die Pritschenhöhen der Lkw zwischen 800 und 1600 mm, so daß sich durch eine der jeweiligen Höhe anzupassende Überladebrücke ein fließender Transport ergeben kann. Bei Neubauten wird heute vollständig auf außenliegende Rampen verzichtet, dadurch erübrigt sich ein Wetterschutz durch ein Vordach (Bild 3.13).

Für die vorherrschende Heckentladung, aber auch für die Seitenentladung findet man bei dem vielseitigen Angebot für jeden speziellen Einsatzfall eine Überladebrücke. Torabdichtungen an den Verladerampen schützen nicht nur die Mitarbeiter vor Zugluft und das Ladegut vor schädlichen Witterungseinflüssen, sondern sparen im Winter oder bei klimatisierten Lagern Heiz- bzw. Kühlkosten. Man sollte bei dem Wetterschutz auf witterungsbeständiges, feuerhemmendes und abriebfestes Material achten. Abgeschlossen wird die Toröffnung meist durch ein elektromotorisch angetriebenes Rolltor aus Aluminium. Bei vorhandener, außenliegender Rampe lassen sich entweder durch eine Faltenbalgabdichtung oder durch Luftschleusen die Verhältnisse am Verladetor bessern. Eine Möglichkeit, die Be- und Entladung bei feststehender Rampe zu erleichtern, stellt die Hebebühne dar, auf die der ganze Lkw auffährt und mit deren Hilfe eine fast stufenlose Höhenregulierung allerdings zeitaufwendig durchgeführt werden kann.

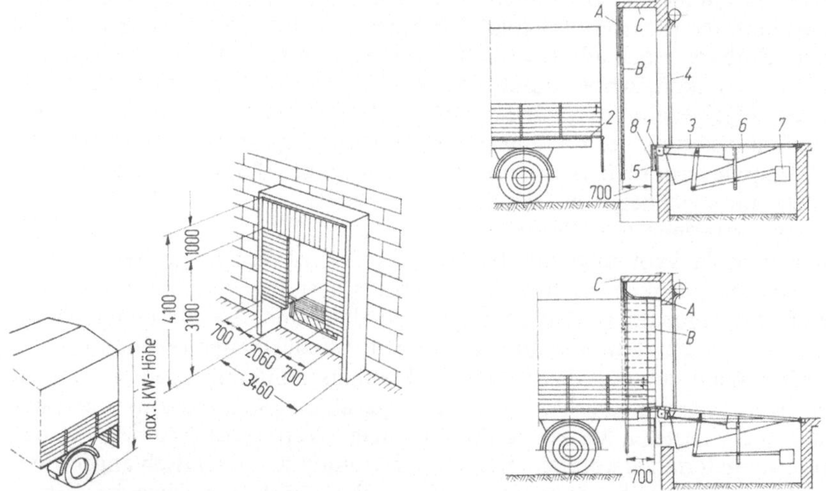

Bild 3.13. Verladerampe mit mechanischer Überladebrücke, Torabdichtung und Rolltor in perspektivischer und Schnittdarstellung.
A Senkrechte Gummi-Stahlcordsegmente, 1000 mm lang, *B* Waagerechte Gummi-Stahlcordsegmente, *C* Vorbau für Torabdichtungen in Beton-, Stahl-, Leichtmetall- oder Holzkonstruktion
1 Segment-Klappauffahrt aus Leichtmetall, *2* Lkw-Ladefläche, *3* Rampenoberkante, *4* Hallentor, *5* Rampenvorderkante, *6* Schutzblech, *7* Gegengewicht, *8* Gummistoßleiste

3.3.6 Steuerung der Regalförderzeuge

Das RFZ wird benutzt zur Bedienung von Durchlaufregalen, vertikalen Umlaufregalen, Fachhochregalen und Palettenhochregalen. Es stellt das wichtigste Fördermittel bei automatisierten Lagern dar. Die VDI-Richtlinie 2681 (2682) „Steuerungen für RFZ" unterscheidet in der gesamten elektrischen Ausrüstung der RFZ

— den Leistungskreis (Mechanisierung) der RFZ;
— die Organisation (Informationsverarbeitung);
— den Steuerkreis (Ersatz der Bedienperson).

Die oben aufgeführten Lagersysteme sind zwar mit hohen Investitionskosten verbunden, bieten aber mit Hilfe des RFZ eine Automatisierungsmöglichkeit. Dabei soll der Steuerkreis
- die Bedienperson ersetzen;
- die Lebensdauer des RFZ erhöhen;
- die Anfahrgenauigkeit an ein Regalfach verbessern;
- Transportschäden ausschließen;
- die Umschlagleistung erhöhen.

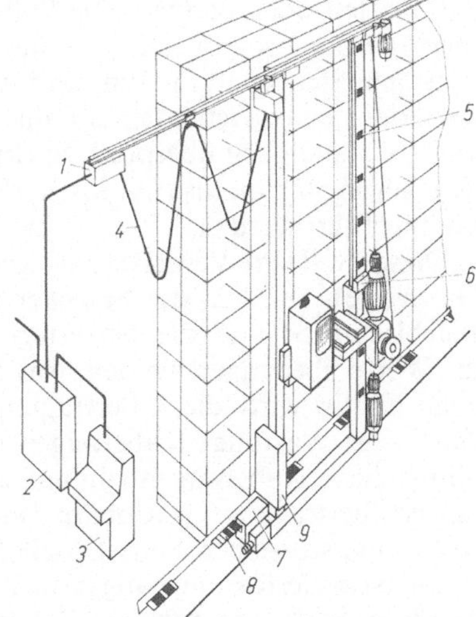

Bild 3.14. Automatisch gesteuertes Regalförderzeug.
1 Klemmkasten, *2* Schaltschrank für ortsfesten Starkstromteil, *3* Steuerpult mit Leser und *4* Schleppkabel, *5* Kennungsträger vertikal, *6* Istwertgeber vertikal, *7* Istwertgeber horizontal, *8* Kennungsträger horizontal, *9* Starkstromsteuerung (Leistungsteil)

Um die vom Steuerkreis durchzuführenden Operationen zu erkennen, stellt man sich am besten den Ablauf eines Arbeitsspieles vor. Am Bild 3.14 soll der Auslagerungsvorgang eines vollautomatisch arbeitenden RFZ aufgezeigt werden. Welches Fach (Lagerplatzkoordinaten, Sollwert) anzufahren ist, steht auf dem Informationsträger, z. B. Lochkarte. Die Daten der Lochkarte (hier als Beispiel off-line-Betrieb) sind in der Sollwerteingabe (3) zu übernehmen. Durch horizontale Istwertgeber (7) am RFZ und vertikale Istwertgeber (6) am RFZ kann durch die horizontalen Kennungsträger (8) auf dem Fußboden und vertikalen Kennungsträger (5) an RFZ-Säule der Standort der Teleskopgabel (Istwerterfassung) der Steuerung mitgeteilt werden, so daß die richtige Fahrtrichtung des RFZ im Regalgang durch Vergleich festgelegt werden kann. Die Daten der Sollwerteingabe sind in Fahrbefehle zu übersetzen.

Je nach Entfernung des RFZ vom anzufahrenden Fach zu Fahrbeginn wird die horizontale Fahrgeschwindigkeit meist in drei Stufen geregelt. Gleichzeitig bewegt sich das Hubwerk auf die Auslagerungsebene (absolut betrachtet ergibt dies eine Diagonalfahrt). Während der Fahrt des RFZ (analog beim Hubwerk) wird ein laufender Soll-Istwert-Vergleich durchgeführt, mit dessen Hilfe die Beschleunigungs- und Verzögerungsvorgänge zunächst durch Grob-, später durch Feinpositionierung gesteuert werden. Dieser Vergleich führt bei Übereinstimmung zum Stillstand des RFZ an dem gewünschten Lagerfach. Die jetzt beginnenden Arbeitsspiele des Unterfahrens, des Anhebens und des Zurückziehens der Teleskopgabel zur Aufnahme der Palette und das Zurückfahren des RFZ im Regalgang bis zum Abgabeplatz, sowie der Abgabevorgang für das Lagergut sind bereits fest vorprogrammiert und laufen selbsttätig ab.

Während die artikelspezifischen Daten auf den unterschiedlichsten Formularen stehen, speichert man die lagerspezifischen Größen bei off-line-Betrieb auf Papierlochkarten (DIN 66018) oder auf Kunststofflochkarten, bei on-line-Betrieb auf mechanisch, magnetisch oder elektronisch lesbare Träger wie Platten oder Bänder. Die Sollwertübernahme (Befehlseingabe) erfolgt meist automatisch über Lesegeräte (z. B. Lochkarten-Stapelleser) an einem zentralen Steuerpult für Ein- und Auslagerungsvorgänge. Bevor die Umsetzung der Lochkartendaten in Fahrbefehle usw. geschieht, müssen die Daten auf Vollständigkeit überprüft, in einen maschinengerechten Code umgewandelt, gegen Störimpulse mit einem Prüf-Bit versehen und Kontrollfunktionen durchgeführt werden.

Diese Sollwert-Verarbeitung geschieht in einem Rechner (Standard-Hardware), bei dem der Speicher individuell programmierbar ist. Da die Befehlseingabe und die Istwerterfassung räumlich getrennt sind, müssen die Werte übertragen werden, was durch verschiedene Systeme möglich ist. Sehr häufig wird die Übertragung mittels flexibler Flachkabel getätigt. *Nachteile*: Wartung; Kabelwagen muß Maximalgeschwindigkeit des RFZ mitmachen; Kabelwagenbahnhof erfordert Platz. *Vorteile*: Soll- und/oder Istwertübertragung, stationäre oder auf RFZ mitfahrende Positioniersteuerung, störsicher, betriebssicher, pendelfrei.

Die Istwerterfassung hängt vom Positioniersystem ab und kann ein digital-absolutes System sein, wobei Geber und Aufnehmer digital aufgebaut sind. Im Vorbeifahren wird die Adresse gelesen und im Rechner direkt verglichen. Eine Umwandlung des Sollwertes entfällt. Als Istwert-Geber kommen z. B. Schaltfahnen am Mast und am Regal in Betracht, die auf Kennzeichnungsträger befestigt sind. Als Istwertaufnehmer sind analog Schlitzinitiatoren möglich, die für die horizontale Richtung am RFZ, für die vertikale Richtung am Hubschlitten befestigt sind.

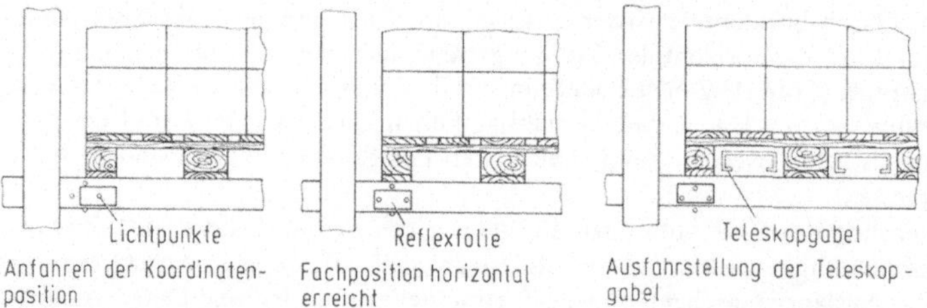

Bild 3.15. Drei Phasen eines Auslagerungsspieles; Fachpositionierung mit Lichtschranken und Reflektorfolien

Die *Grobpositionierung* bringt das RFZ vor das zu bedienende Regalfach, die *Feinpositionierung* bewirkt trotz Regaltoleranz die exakte Stellung der Teleskopgabel vor dem Fach, wie es im Bild 3.15 zu sehen ist. Die kurze und unvollständige Darstellung der Positioniersteuerung eines RFZ zeigt, welche Daten und Signale bei vollautomatischem Ablauf zu verarbeiten sind. Hinzu kommen noch eine Fülle von Bedingungen, die durch einen Prüfvorgang erfüllt sein müssen, ehe das RFZ seine Fahrt aufnehmen und bevor der Ein- und Auslagerungsvorgang beginnen kann. Dazu zählen auch

- Prüfung Lagerfach frei oder besetzt;
- Vergleich Abmessungen Lagereinheit und Lagerfach;
- Prüfung Übergabeplatz frei oder besetzt;
- Feststellung Ein- und Auslagerungsvorgang beendet;
- Prüfung der Versorgungsspannung.

3.4 Steuerung des Gesamtlagersystems

3.4.1 Allgemeines

Jeder Transport- und Lagervorgang besteht aus den Komponenten *Technik* (operativer Bereich), *Organisation* (administrativer Bereich) und *Steuerung* (dispositiver Bereich). Während Technik und Organisation relativ einfach und transparent mit ihrem Informations- und Belegfluß (Tabelle 3.6) aufgebaut werden können, stellt besonders das automatische Steuerungssystem (Koordination der Einzelsysteme) einen umfangreichen, komplizierten und kostspieligen Bereich dar. Der Automatisierungsgrad eines Steuerungssystems läßt sich nicht nur durch die Begriffe manuell, mechanisch, teilautomatisiert oder vollautomatisiert ausdrücken, sondern kann auch in Stufen dargestellt werden wie

- Material durch Personal transportieren und lagern;
- Material mittels Zielsteuerung an den gewünschten Ort bringen;
- Transport- und Lageroperationen mittels Prozeßrechner steuern;
- Optimierung der Transport- und Lagervorgänge nach verschiedenen Gesichtspunkten durchführen;
- Verwaltungsaufgaben durch den Prozeßrechner miterledigen lassen;
- Koppelung der Ausführung von Kundenaufträgen mit der Betriebsführung über Planungsrechner.

Bei der Steuerung von Regalförderzeugen und den Fördermittelsystemen kann man folgende Stufen unterscheiden:

- manuelle Steuerung durch mitfahrende oder mitgehende Personen;
- mechanische Steuerung z. B. von der Kabine des fahrenden Fördermittels aus;
- teilautomatisierte und automatisierte Steuerung, die unter dem Gesichtspunkt der off-line-Steuerung stehen; die niedrigste Form der Lagerprozeßsteuerung stellt dabei die zentrale Lochkartensteuerung dar (auch Bestandsführung im batch processing oder Ziehkartenkartei genannt),

Tabelle 3.6. Material- und Informationsfluß eines Gesamtlagerungssystems im off-line-Betrieb (Fertigwarenlager)

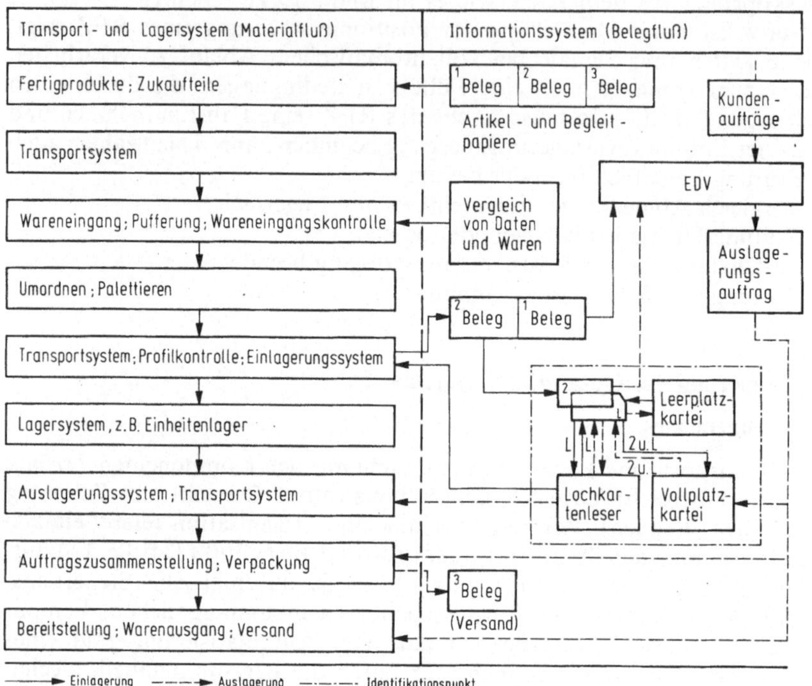

wobei die Lochkartenkarteien als Speichermittel für das Verzeichnis der Lagerplätze dienen (siehe Beschreibung Abschnitt 3.2.3). Diese Steuerungsart wird benutzt, wenn die Zahl der Lagerplätze unter 10000 und die Zahl der Lagerbewegungen unter 100 pro Stunde liegen. Die höhere Organisationsstufe bietet sich in der off-line-Steuerung mit real-time-Bestandsführung an, wobei die Leer- und Vollplatzkartei von der EDV geführt wird. Die EDV bestimmt aufgrund des Lagerabbildes einen freien Lagerplatz und stantzt eine Steuerlochkarte mit den Lagerplatzkoordinaten, ebenso wird für auszulagernde Paletten oder Kästen verfahren. Diese Lösung bietet sich an, wenn das Lager weit über 10000 Lagerplätze enthält. Der Vorteil dieser off-line-Steuerung ist in Arbeiten der EDV zu sehen wie z. B. das gesteuerte Verteilen der Artikel auf alle Gassen, einer laufenden Bestandsfortschreibung oder die Sortierung von Kommissionen;

— vollautomatische Steuerung bei on-line-Betrieb; es herrscht eine unmittelbare Kopplung und Steuerung von Material- und Informationsfluß vor. Der ganze Betriebsablauf im Lager steht unter der Kontrolle eines Prozeßrechners.

Die Steuerung eines Gesamtlagerungssystems ist einmal durch eine Zentralsteuerung, zum anderen durch eine dezentrale Steuerung möglich.

3.4.2 Dezentrale Steuerung

In der Praxis setzt sich immer mehr die dezentrale Steuerung des Gesamtlagersystems mit autonomen Systembereichen (Tabelle 3.7) durch, da sich hierfür folgende Vorteile ergeben:

- Jedes Teilsystem ist für sich kalkulierbar, projektierbar, montierbar und prüfbar;
- die Verfügbarkeit des Gesamtsystems steigt, da die Verfügbarkeit trotz Ausfall eines Teilsystems weiter vorhanden ist;
- die Zuordnung der einzelnen Funktionen ist klar getrennt, dadurch wird die Fehlersuche einfacher und die Übersichtlichkeit nimmt zu;
- die Realisierung muß nicht hintereinander, sondern kann parallel erfolgen;
- Teilsysteme können erweitert werden, ohne daß das Gesamtsystem dabei wesentlich betroffen ist.

Tabelle 3.7. Steuerung eines Gesamtlagerungssystems mittels autonomer Systembereiche

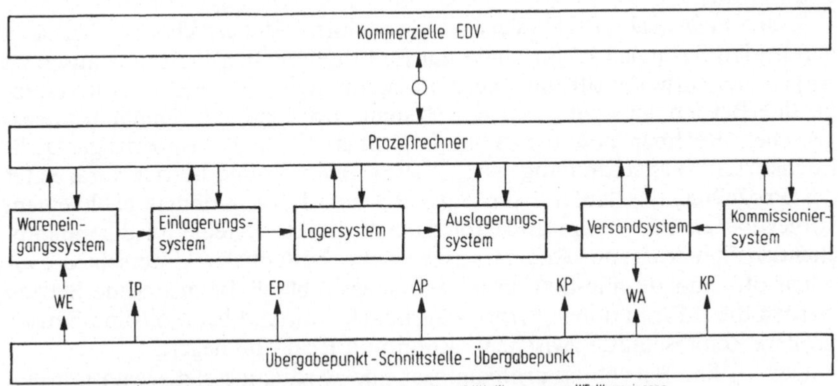

EP Einlagerungspunkt, AP Auslagerungspunkt, IP Identifikationspunkt, KP Kontrollpunkt, WA Warenausgang, WE Wareneingang

3.4.3 Steuerungshierarchie, Schnittstellen

Aus Tabelle 3.7 sind sowohl die Steuerungshierarchie als auch die diversen Schnittstellen zu entnehmen, welche bei der Steuerung des Gesamtlagerungssystems auftreten.

Unter der *Steuerungshierarchie* versteht man den stufenmäßigen Aufbau der Steuerung durch

— *EDV*: Im Betrieb vorhandene Großrechner mit Funktionen wie
  — Führen der Stammdaten für Kunden, Lieferanten und Artikel,
  — Erstellen und Bearbeiten von Aufträgen,
  — Drucken der Versandpapiere,
  — Lagerbestandsführung und -bewertung,
  — Erstellen von Statistiken,
  — Koordination mit anderen Organisationseinheiten;
— *Verwaltungsrechner*: Bei Vorhandensein übernimmt dieser Rechner einen Teil der Aufgaben des Großrechners und zusätzlich zur Artikelverwaltung die Lagerverwaltung (Bestandsführung) mit den Ein- und Auslagerungsvorgängen, durch das Führen einer Untermenge an Artikelstammdaten werden Auslagerungs- und Kommissionierungspapiere erstellt;
— *Steuerrechner*: Durch Datenaustausch mit dem Verwaltungsrechner wird für Paletten- und Behälterlager die Ein- und Auslagerung, die Kommissionierung, die Rückmeldung und die Platzoptimierung gesteuert;
— *Steuerung*: Darunter ist die Gerätesteuerung z. B. des RFZ zu verstehen (siehe Abschnitt 3.3.6).

Während noch vor einigen Jahren der Prozeßrechner reine Steuerungsaufgaben ausgeführt hat, werden heute auf ihm immer mehr Lagerverwaltungsarbeiten übernommen.

Als *Schnittstellen*, die bei der Planung besonders bedacht werden müssen, sind zu erwähnen EDV/Prozeßdatenverarbeitung (PDV), PDV/Fördermittel und I-Punkt.

Schnittstelle EDV/PDV (Verwaltungsrechner, Steuerrechner). Zwischen den beiden Systemen ist für einen gut funktionierenden Datenaustausch zu sorgen, der entweder off-line oder on-line durchgeführt werden kann. Unter off-line-Betrieb versteht man ein System, bei dem der Datenaustausch zwischen Rechner und der Steuerung über einen Transportträger z. B. Lochkarte, Magnetband abgewickelt wird. Beim on-line-Betrieb verarbeitet der Prozeßrechner laufend die eingegebenen Informationen nach einem vorgegebenen Programm und gibt danach direkte Befehle an die entsprechenden Steuerorgane. Anders ausgedrückt, besteht der Unterschied zwischen off- und on-line-Betrieb im zeitlichen Ablauf. Beim on-line-Betrieb werden die Informationen sofort verarbeitet, während beim off-line-Betrieb größere Zeitabschnitte zwischen Aktion und Reaktion liegen.

Der off-line-Betrieb ist problemloser und wird eingesetzt, wenn nur einmal am Tag ein Datenaustausch erforderlich ist. Als Methoden kommen Listen, Lochkarten oder Magnetbänder in Frage. Der on-line-Betrieb stellt die höhere Organisationsstufe dar und wird verwendet, wenn jederzeit ein exaktes Lagerabbild vorhanden sein soll. Dazu ist eine leitungsmäßige Kopplung von EDV und PDV notwendig, z. B. durch synchrone Datenübertragung oder Datenübertragung über das Postnetz. Weitere Gründe für den Einsatz sind eine große Anzahl Palettenplätze, große Artikelzahl, hohe Umschlagsleistungen, vollautomatische Datenerfassung, komplexe Transport- und Verteilanlagen.

Schnittstelle PDV/Fördermittel. Hier liegt das Problem in der Steuerung und Verfolgung des Materialflusses, das ebenso mit off-line- oder on-line-Betrieb gelöst werden kann. Handelt es sich um eine große Zahl von zu koordinierenden Bewegungen, so wird man dem on-line-Betrieb den Vorzug geben.

Schnittstelle Identifikationspunkt. Von hier aus setzt die Steuerung der Förderstrecken ein, und dies ist die einzige Stelle, an der Material und Dateninformationen direkt mit dem Rechner verknüpft sind.

3.4.4 Ausfall der Steuerung

Schon im Planungsstadium muß man sich die Folgen des Ausfalls der Steuerung eines Teilsystems vorstellen und simulieren können. Es gilt Maßnahmen aufzuzeigen, die es erst gar nicht zu einem Notbetrieb kommen lassen oder die eine Störung schnell überwinden helfen. Man unterscheidet:

- Vorkehrungen *bei* Notbetrieb wie
  - Gestaltung der Förderstrecken,
  - Schaffen von Überkapazität,
  - Schulung und Training des Personals für den Notbetrieb,
  - Vorhalten notwendiger Sondergeräte,
  - Aufbau redundanter Förderstrecken;
  - Vorkehrungen *zur schnellen Überwindung* des Notbetriebes wie
  - Reparaturfreundlichkeit;
  - Ersatzteilhaltung,
  - differenziertes Störmeldesystem;
- Vorkehrungen *zur Verhinderung* des Notbetriebes wie
  - vorbeugende Wartung und Instandhaltung,
  - Überlaufstrecken zum Leerfahren von Anlagen,
  - Lagerstrategie: Verteilen gleicher Artikel auf mehrere Gänge.

3.5 Durchführung einer Lagerplanung

3.5.1 Allgemeines

Wenn im Lager die Lagerkosten unverhältnismäßig rasch angestiegen sind, die Übersichtlichkeit nicht mehr gegeben ist, die Bestände stark angewachsen sind, die Zahl des Lagerpersonals zu hoch erscheint, Unfälle, Störungen und Ausfälle sich häufen, dann sollte man nicht sofort mit einer Umstrukturierung oder Erweiterung des Lagers beginnen, sondern zunächst durch eine *Untersuchung* (Vorstudie: Abschnitt 1.6.2) klären lassen, ob überhaupt die Notwendigkeit dazu besteht oder aber, welche Maßnahmen den größtmöglichen Erfolg bei der gegebenen Situation haben. Solche Maßnahmen könnten sein:

- Einsparung von Personal;
- Reduzierung der Lagerbestände;
- Verbesserung der Lager- und Kommissioniertechnik;
- Änderung der Organisationsstruktur;

— Änderung des Bevorratungszeitraumes und/oder der Bevorratungsmenge.

Nicht die technisch perfekteste Lösung einer gestellten Aufgabe muß das Ziel einer Planung sein, sondern die wirtschaftlichste. So zeigt das folgende Beispiel ohne Berücksichtigung von Randbedingungen, welche Einsparungen an Lagerkosten durch *Beständereduzierung* gegenüber *Personalverringerung* zu erreichen sind. Zum anderen bewirkt die Verringerung der Lagerhaltungskosten eine Verbesserung der Liquidität des Unternehmens.

Die Bestände eines Unternehmens sollen ohne Fertigwaren 10 Mio DM betragen. Die Frage könnte lauten: Was bringt eine mögliche Reduzierung der Bestände um 10% gegenüber einer möglichen Personaleinsparung von zwei Mitarbeitern in dem Zentrallager? Im Durchschnitt betragen die Lagerhaltungskosten ca. 20% (Tabelle 3.2). Ein Mitarbeiter kostet im Durchschnitt mit allen Abgaben ca. 40000 DM pro Jahr. Daraus ergibt sich: Durch Reduzierung der 10 Mio DM Lagerbestände um 10% werden 1 Mio DM frei, dies bedeutet jährliche Einsparungen an Lagerhaltungskosten von 200000 DM. Die jährlichen Einsparungen von zwei Mitarbeitern unter Beibehaltung der Lagerbestände betragen 80000 DM. Mithin ist in diesem Fall eine Beständereduzierung wirkungsvoller als eine Personalverringerung.

Eine Reduzierung der Lagerbestände kann erreicht werden durch
- Sortimentsbereinigung;
- Beseitigung von „Ladenhütern“;
- Festlegung auf Einheitengrößen, Normgrößen;
- Einführung einer optimalen Bestellmenge, eines niedrigen Sicherheitsbestandes und eines optimalen Bestellzeitpunktes (bedarfsorientierte Lagerreichweite: weder Unter- noch Überbevorratung);
- zentrale Disposition.

Das Personal kann im Lagerbereich reduziert werden u. a. durch
- Mechanisierung und Automatisierung der Lager-, Transport- und Handhabungsvorgänge;
- Änderung der Lagertechnik;
- Vergrößerung der Auslastung vorhandener Fördermittel;
- moderne und wirtschaftliche Förder- und Förderhilfsmittel;
- Einführung von Lagereinheiten;
- Erhöhen der Übersichtlichkeit durch zentrale Lagerung.

Zu vermerken sei noch, daß im allgemeinen mit steigendem Umsatz die Lagerbestände ebenfalls steigen, bei fallendem Umsatz aber die Lagerbestände erst dann zurückgehen, wenn ein Eingriff in die Lagerorganisation gemacht wird.

3.5.2 Planungsdaten

Über die Art, Vorgehensweise und Verfahren zur Datengewinnung gibt Abschnitt 1.3 Auskunft. Die Ist-Daten müssen aufgrund von Prognosewerten und Zielsetzungsgrößen auf Soll-Daten verändert werden. Dabei geht man von statischen und dynamischen Lagerdaten aus.

Zu den *statischen Daten*, die aus dem vorhandenen Lager ersichtlich sind und ausgemessen werden können, gehören:

— Lagergüter (Sortiment, Warengruppen, Artikel usw., 1.5.2);
— Lagereinheit (Palette, Behälter, Kasten usw., Abschnitt 1.5.3);
— Lagergebäude (Halle, Stockwerksbau, Stützenraster usw., 3.3.1);
— Lagertechnik (Regalsystem, Regalbediengeräte usw., Abschnitt 3.3);
— Lagerort (innerbetrieblicher Standort, Schnittpunktproblem, Anbindung an Transportsystem usw., Abschnitt 3.1.3; 1.4.4);
— betriebliche Vorgaben (fifo, freier Zugriff zu jedem Artikel, Auslagerung vor Einlagerung usw.);
— behördliche Auflagen (Feuer- und Lärmschutz, Sicherheitsvorschriften usw.);
— Randbedingungen (Klimatisierung, Stapelbarkeit, Nachbarschaftsverhältnisse usw.).

Die Aufnahme der *dynamischen Daten* bereitet größere Schwierigkeiten, weil sie nicht unmittelbar vorliegen, sondern aus Beobachtungen, Karteien, Statistiken und Untersuchungen gewonnen werden müssen. Hierzu sind zu rechnen:

— Durchschnitts- und Spitzenwerte von Ein- und Auslagerungen pro Zeiteinheit (Mengenfrequenz für Warenein- und -ausgang, Ein- und Auslagerungssystem usw., Abschnitt 3.1.3);
— saisonale Schwankungen der Mengenfrequenz;
— Kommissioniersysteme, Art der Auftragszusammenstellung;
— Organisationssysteme;
— Steuerungssysteme.

Die Planungsdaten umfassen nicht nur das eigentliche Lagersystem, sondern auch die Teilsysteme wie Wareneingang, Betriebsräume, Packerei, Warenausgang (Abschnitt 3.3.1).

Entscheidenden Einfluß auf den Umfang der Lagerplanungsdaten, die Art der Untersuchungen und Vorgaben hat die Ausgangssituation für eine Lagerplanung: Neuplanung auf der grünen Wiese, Neuplanung auf dem Werksgelände, Erweiterungs-, Sanierungs-, Umstrukturierungs- oder Rationalisierungsplanung.

Schwierigkeiten treten fast immer bei der Ermittlung der *Prognosewerte* (Abschnitt 1.3.3) auf. Entweder sind die Werte von der Geschäftsleitung nicht zu erhalten oder es werden nur sehr unverbindliche Angaben gemacht. Da eine Lagerplanung den Zustand in 5 Jahren im voraus erfassen soll, ist oft das Sortiment und das Volumen zu diesem Zeitpunkt noch gar nicht bekannt. Für den Planer bedeuten solche Aussagen, eine möglichst flexible Lagerlösung anzubieten.

3.5.3 Beurteilungskriterien

Zur Beurteilung einer Lageranalyse (Ist-Zustandsermittlung), zur Bewertung bei Systemvergleichen von Planungsalternativen oder zum Nachweis des Planungserfolges einer realisierten Lagerplanung können sowohl *quanti-*

fizierbare als auch *qualitative Größen* benutzt werden wie Kosten, Kennzahlen oder Kriterien. Letztere lassen sich in technische, wirtschaftliche und organisatorische Beurteilungskriterien unterteilen wie

— Verwendbarkeit, Zustand und Brauchbarkeit vorhandener Hallen;
— Standort; Größe, Boden- und Deckentragfähigkeit der Gebäude;
— Fahrwegzustand und -belastung, Wegradien im Freien, in der Halle;
— Erweiterungsmöglichkeiten, Erweiterungsrichtung;
— vorhandene Sicherheitseinrichtungen;
— Flächen- und Raumnutzungsgrad;
— Mechanisierungs- und Automatisierungsgrad;
— technischer Zustand und Auslastung der Förder- und Lagereinrichtungen;
— betriebswirtschaftliche Kenngrößen, z. B. Abschreibungen;
— Entwicklungszustand vorhandener, technischer Einrichtungen;
— Art der Förderhilfsmittel, der Lagereinheiten;
— Anpassungsfähigkeit an betriebliche Umstellungen;
— Fördergutströme pro Zeiteinheit;
— mögliche Überlastbarkeit;
— Transport- und Verladezeiten;
— Fähigkeit zur Bildung von Transportsystemen und -ketten;
— Einhaltung des fifo-Prinzips;
— freier Zugriff zu jedem Artikel;
— Art der Manipulationen;
— Nahtstellen zwischen innerbetrieblichen Abteilungen;
— Störungen, Engpässe, Unfallgefahren, Ausschuß;
— Art der Auftragszusammenstellung, Kommissionierzeiten;
— Zuordnung der einzelnen Abteilungen;
— Durchlaufzeiten;
— Aufwand an Verpackungsmaterial;
— Übersichtlichkeit im Materialfluß- und Lagerbereich;
— Lagerhaltungskosten;
— Größe des gebundenen Kapitals (Bestände);
— Rentabilität;
— Art des Ein- und Auslagerungssystems.

3.5.4 Erarbeitung von Lagerkonzeptionen

Bei der Planung und Dimensionierung von Lagersystemen ist von den Planungsdaten insbesondere vom Mengengerüst und den Umschlagsfrequenzen auszugehen. Es sind möglichst Lagereinheiten zu bilden und darauf aufbauend, unterschiedliche Gesamtlagerkonzeptionen zu entwerfen, die sich unterscheiden in

— Lagersystem, Lagerorganisation;
— Lagergebäude;
— Ein- und Auslagerungssystem;

— Kommissioniersystem;
— Zuordnung der einzelnen Teilsysteme.

Mit diesen Größen ist dann eine Lagerflächenermittlung möglich und eine Gestaltung des Lagerbereiches durchzuführen. In dieser entscheidensten und schwierigsten Planungsphase muß überlegt werden, ob nach dem Bringe-System, dem Hole-System, durch eine eigene Transportabteilung oder durch vollautomatischen Transport die Güter in das Lager gebracht oder, ein- und ausgelagert werden sollen. Welche Lageralternative für die gestellte Aufgabe die optimale Lösung darstellt, ergibt sich aus Wirtschaftlichkeitsrechnungen und über Bewertungsverfahren (Abschnitt 1.2.4).

Die Wirtschaftlichkeit eines Lagers steht fast immer im Vordergrund und nicht die Automatisierung. Trotzdem gibt es eine Reihe von Gründen, die zu automatisierten Lägern tendieren:

— Verknappung von Lagerfläche auf dem Grundstück;
— Vergrößerung der Raum- und Lohnkosten;
— Senkung der Kosten für Lager- und Fördermittel, für Steuer- und Regelungstechnik durch Serienanfertigung;
— Möglichkeit der direkten Anbindung an automatisierte Fertigungsprozesse;
— Normung im Bereich der Förderhilfsmittel, der Lager- und Transportmittel.

Das schrittweise Vorgehen bei einer Lagerplanung und -ausführung ist den Abschnitten 1.6, 2.2.3 und 2.3.3 zu entnehmen.

3.6 Planungshinweise und Beispiele

Aufgabe der angeführten Beispiele ist es, Lösungen von Lagerproblemen aufzuzeigen, ohne auf spezielle betriebliche Randbedingungen einzugehen.

Beispiel 3.1: Ermittlung der optimalen Lageralternativen

Für ein Einsatzteillager ist aus drei Lageralternativen über einen Betriebskostenvergleich die wirtschaftlichste Lösung zu ermitteln. Als mögliche Fachboden-Regalausführungen sollen gegenübergestellt werden:

Lösung I: eingeschossiges Fachbodenregal (ca. 2 m hoch),
Lösung II: zweigeschossiges Fachbodenregal (ca. 4 m hoch),
Lösung III: Fachboden-Hochregal (ca. 8 m hoch).

An Lagerdaten sind bekannt:
Anzahl der Artikel: 3500 Artikel
Abmessung der Lagereinheit (LE): Länge (L) × Tiefe (T) × Höhe (H): 1000 × 500 × 400 mm
Anzahl der LE: 5000 LE
maximales Gewicht einer LE (Fachbodenbelastung): 50 kg
Aufbau der Fachbodenregale im Baukastensystem: Abmessung der Regaleinheit (RE) $L \times T \times H = 1000 \times 500 \times 2000$ mm
Anzahl der LE pro RE: 5 LE/RE
maximale Anzahl der Ein- und Auslagerungen von Verpackungseinheiten (VE) pro Tag 12000 VE/Tag

durchschnittliche Anzahl von VE pro Zugriff (Z): 5 VE/Z
Bei 8-stündiger Arbeitszeit kann mit 7-stündiger Nettoleistung gerechnet werden.

Lösung I

Anzahl der RE: $\dfrac{\text{Anzahl der LE}}{\text{Anzahl der LE/RE}} = \dfrac{5000}{5} = 1000\ \text{RE}$

Arbeitsgangbreite (Tabelle 3.5): 1 m

gewählt werden 30 RE nebeneinander, dann ergeben sich: $\dfrac{1000\ \text{RE}}{30\ \text{RE}} \approx 34$ Zeilen.

Grundflächenbedarf (reine Lagerfläche): Konzeption nach Bild 3.16:
Regalfläche: 34 Zeilen × 0,5 m B × 30 m L = 510 m^2
Gangfläche: 17 Gänge × 1 m B × 30 m L = 510 m^2
Gesamtfläche: 1020 m^2
erforderliche Hallenhöhe: 2,5 m (Normalhöhe 3,5 m).
Ermittlung des Personalbedarfs: nach Tab. 3.4 ergeben sich bei Handkommissionierung zu Fuß aus dem Fachbodenregal 50 Zugriffe pro Person und Stunde. Bei 12000 VE/Tag, 5 VE/Z und 7 Nettoarbeitsstunden sind an Zugriffen pro Stunde erforderlich:

$$\frac{12000\ \text{VE/Tag}}{7\text{h/Tag} \cdot 5\ \text{VE/Z}} = 343\ \text{Z/h}$$

Anzahl der Kommissionierer (K): $\dfrac{343\ \text{Z/h}}{50\ \text{Z/h und K}} = 6{,}85\ \text{K}$

also 7 Kommissionierer, zusätzlich 1 Gruppenleiter, so daß sich 8 Mitarbeiter für das Lager ergeben.

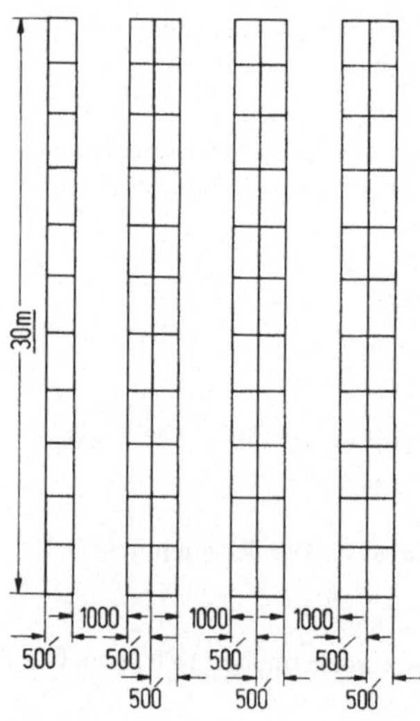

Bild 3.16. Grundriß eines Fachbodenregallagers (Ausschnitt)

Lösung II

Bei zweigeschossiger Anlage (Bild 3.3c) kann mit ca. der Hälfte der Grundfläche zuzüglich 10 % Aufschlag für Treppe, eventuell Lastenaufzug usw. gerechnet werden. Abmessungen der RE und der Arbeitsgangbreite bleiben erhalten.

Grundflächenbedarf: $\frac{1020\ \text{m}^2}{2} + 10\% = 560\ \text{m}^2$

Hallenhöhe: 5 bis 5,5 m
Personalbedarf: 8 Mitarbeiter (siehe Lösung I).

Lösung III

Die Bedienung des Fachboden-Hochregals kann durch Kommissionierstapler oder Regalförderzeuge (RFZ) erfolgen. Die Konzipierung des Lagers muß von der Anzahl der Bedienungsgeräte ausgehen. Nach Tabelle 3.4 schafft ein Kommissionierer aus dem RFZ bei Handkommissionierung 100 Z/h. Damit ergibt sich die erforderliche Gerätezahl zu:

$\frac{343\ \text{Z/h}}{100\ \text{Z/h}} = 3{,}43$ Geräte.

Gewählt: 4 Kommissioniergeräte (RFZ) und ebensoviele Kommissionierer. An Personal mit einem Gruppenleiter sind insgesamt 5 Mitarbeiter erforderlich.
Grundflächenbedarf: Das 8 m hohe Lager (Bild 3.17) besteht aus 4 RE übereinander (20 Fächern übereinander). Das Lager hat 4 RFZ, also 4 Arbeitsgänge. 1000 RE sind in 8 Regalzeilen unterzubringen (2 Einzel- und 3 Doppelregale). Damit ergibt sich die Länge einer Regalzeile zu:

$\frac{1000\ \text{RE}}{8\ \text{Zeilen}} = 125$ RE/Zeile.

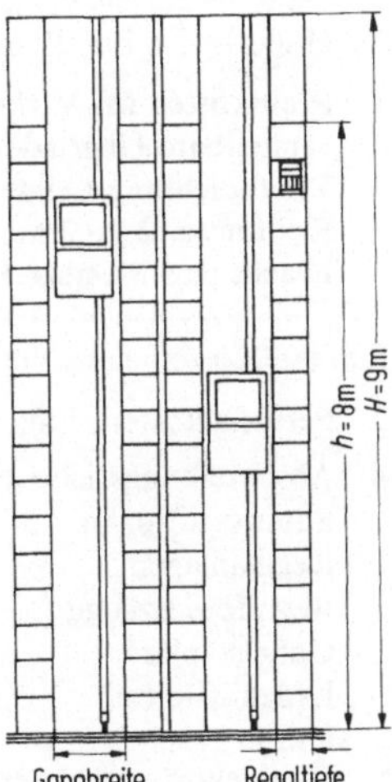

Bild 3.17. Stirnseitenansicht von zwei Gängen eines Fachboden-Hochregals mit Bedienung durch Regalförderzeug

$\frac{125\ \text{RE/Zeile}}{4\ \text{RE übereinander}} = 31{,}25$ RE-Stapel (nebeneinander).

Tabelle 3.8. Zusammenfassung der Berechnungsgrößen zur Betriebskostenbestimmung

Nr.	Größen Lösung	I	II	III
1	Grundfläche in m²	1020	560	256
	mit Bereitstellungszuschlag	1100	650	350
	Flächenverhältnis ca.	1	1:2	1:4
2	Hallenhöhe in m	3,5	5	9
3	Personalbedarf	8	8	5
4	Anzahl Bediengeräte	7 Hand-wagen	7 Hand-wagen	4 RFZ
5	Investitionskosten in DM/m²	485	520	750
	Halle: Tafel 3.9 ohne			
	Bereitstellung DM	494700	291200	192000
	Regale (1000 RE)	300000	330000	330000
	Bediengeräte	3500	3500	160000
	Summe DM	798200	624700	682000

Tabelle 3.9. Richtwerte für Planung, Investitions- und Betriebskostenermittlung (Basis 1977)

1	Richtwerte von Hallenkosten (normaler Standard)		
	Halle — 5,5 bis 6,5 m hoch —		um 500 DM/m²
	Halle — 8 bis 10 m hoch —		um 750 DM/m²
2	Richtkosten für Verladetore (Rampenhöhe ca. 1,2 bis 1,3 m)		
	verstellbare Überladebrücke bei Rampen (Anpaßrampe)		4000 DM/Stck.
	Torabdichtung (Allwetterschutz)		4000 DM/Stck.
	Rolltor ca. 2,5 × 3 m, angetrieben		4000 DM/Stck.
	Fracht und Montagekosten ca.		3000 DM/Tor
Summe/Kosten eines Verladetores			15000 DM
3	Personalkosten: Lagerarbeiter		30000 DM/Jahr
4	Abschreibungsrichtwerte (lineare Abschreibung)		
	Bauinvestitionen	3,3%	33 Jahre
	Regalanlagen	10%	10 Jahre
	Regalförderzeuge	10 ... 20%	10 ... 5 Jahre
	Gabelstapler	20 ... 33%	5 ... 3 Jahre
	Ladehilfsmittel	20%	5 Jahre
	Krane	10%	10 Jahre
5	Energiekostenrichtwerte		
	Beleuchtung pro Jahr		3 ... 10 DM/m²
	Heizung, Lüftung pro Jahr		5 ... 20 DM/m²
	Kommissionierstapler		ca. 2,0 DM/h
	Gabelstapler		ca. 1,5 DM/h

6 Reparatur- und Instandhaltungskosten
Bau: ca. 1% der Investitionssumme
technische Investitionen: ca. 3% der Investitionssumme

7 Sonstige Kosten
z. B. Reinigung, Versicherung, Bewachung ca. 40% der Kostenarten Nr. 5 und 6

8 Torbreiten und -höhen
für Gabelstapler (2 ... 3) × (2 ... 3) m = 5 ... 9 m²
für Lkw 3 × (3 ... 4,5) m = 9 ... 13,5 m²
für Bundesbahn 5 × 5 m = 25 m²
Ausbildung der Tore als Rolltor, Schiebetor, Pendeltor oder Falttor, Preise je nach Ausführung (verzinkt, feuerbeständig ca. 150 ... 500 DM/m²)

9 Richtwerte für Außenanlagen

Straße (asphaltiert)	60 ... 80 DM/m²
Parkplätze (ca. 22 ... 24 m² pro Pkw)	50 DM/m²
Gleis	350 ... 400 DM/m
Weiche	30000 DM/Stck.

Tabelle 3.10. Ermittlung der jährlichen Betriebskosten

Nr.	Größen	Lösung I	II	III
		Werte in DM pro Jahr		
1	Abschreibungen 3,3% für Bauinvest. 10% für techn. Invest.	 16325 30350	 9609 33350	 6336 49000
2	kalkulatorische Zinsen: 10% auf 0,5 der Investitionskosten	39910	31235	34100
3	Personalkosten (Tabelle 3.9)	240000	240000	150000
4	Energiekosten (Tabelle 3.9) Ansatz in DM/m²	15300 (15)	10080 (18)	6400 (25)
5	Instandhaltungs- und Reparaturkosten: 1% auf Bauinvest. 3% auf techn. Invest.	 4947 9105	 2912 10005	 1920 14700
6	sonstige Kosten: 40% von Nr. 4 u. 5	11740	9198	9208
7	jährliche Betriebskosten	367677	346389	271664
8	Rang der Lösungen	3	2	1

Gewählt: 32 RE-Stapel, d. h. die Länge einer Regalzeile ist 32 m. Die Gangbreite wird mit 1 m festgelegt:

Regalfläche: 8 Zeilen × 0,5 m T × 32 m L = 128 m²
Gangfläche: 4 Gänge × 1 m B × 32 m L = 128 m²
Gesamtfläche: 256 m²
Hallenhöhe: ca. 9 m.

In Tabelle 3.8 sind die wichtigsten Daten zusammengestellt, und mit Hilfe von Tabelle 3.9 wird die Tabelle 3.10 erarbeitet, die den Betriebskostenvergleich enthält. Danach ist die Lösung III die wirtschaftslichste Alternative.

Beispiel 3.2: Automatisiertes Hochraumlager

Bedingt durch die Senkung des Personalaufwandes sind die jährlichen Betriebskosten eines Hochregallagers meist niedriger als die eines konventionellen Lagers (vgl. Beispiel 3.1). Der Raumnutzungsgrad ist hoch, und die Zugriffszeiten sind aufgrund der Artikeldichte kurz. Es soll hier ein Lager mit RFZ-Bedienung für fremdbezogene Teile, für Teile der Eigenfertigung und für Verpackungsmaterial eines Waschmaschinenwerkes gezeigt werden, das bis zu 650 Einlagerungen in 8 h und ebensoviele Auslagerungen über 16 h verteilt ausführen kann (Aufnahmekapazität für Paletten siehe Bild 3.18; Abmessungen: 63 m L × 30 m B × 30 m H). Ein Rollenfördersystem dient der Zu- und Abführung der Paletten: Die Verteilung der Paletten auf die Regalgassen geschieht durch 3 übereinander laufende, schienengebundene Querförderzeuge mit Teleskoptisch: Nr. 1 für Einlagerung, Nr. 2 für Auslagerung und Nr. 3 je nach Bedarf für Ein- oder Auslagerung (Geschwindigkeit des Teleskoptisches: 100 m/min).

Die Einlagerungsstrecke E (Bild 3.18) wird unterteilt in

- E 11 und E 12 als Pufferstrecke, Aufgabe der Pool- oder Gitterboxpaletten in Querrichtung;
- E 1 Feststellstrecke für große und kleine Paletten;
- E 2 Zentrierstrecke;
- E 3 Profilkontrolle mittels Lichtschranken;
- E 4 Gewichtsbestimmung mittels Druckmeßdosen;
- E 5 und E 6 Ausschleußstrecke für fehlerhaft befundene Paletten;
- E 7 Zentrier- und Übergabestelle an Querförderzeug Nr. 1 oder über Aufzug an Querförderzeug Nr. 2.

Die Längsfahrgeschwindigkeit des RFZ beträgt 140 m/min, die Hubgeschwindigkeit 40 m/min. Die Teleskopgabel kann nach beiden Seiten ausfahren, ein Gabelspiel — Ausfahren, Anheben, Einziehen — dauert ca. 15 s. Die Auflagerung der RFZ erfolgt in $^2/_3$ Höhe des RFZ in Schwerpunktnähe, daher konnte trotz der Höhe das RFZ als Einmastkonstruktion ausgeführt werden. Die RFZ transportieren die Palette vom Abstellplatz des Querförderzeuges zum vorgegebenen Lagerfach oder bringen die Palette aus dem Lager zu den Abstellplätzen der auszulagernden Querförderzeuge.

Für den Auslagerungstransport sind die Rollenförderstrecken A 1 bis A 11 verantwortlich:

- A 1 Übergabestelle vom Querförderer auf Rollenförderer;
- A 2 und A 3 Pufferstrecken;
- A 4 Aufzug;
- A 5 Hubvorrichtung mit Förderstrecke A 6;
- A 7 Rollengabel (rechtwinklige Änderung der Förderrichtung);
- A 8 Anschlußförderer;
- A 9 bis A 11 Stauförderer, Abnehmen der Paletten durch Gabelstapler.

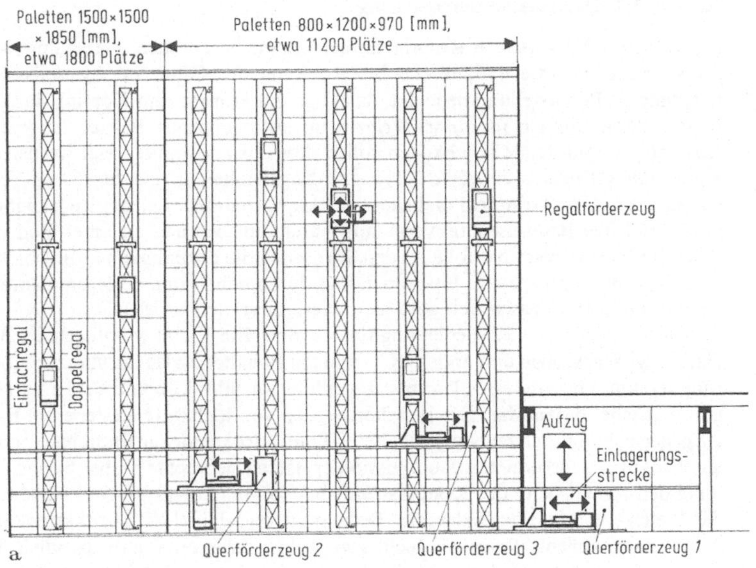

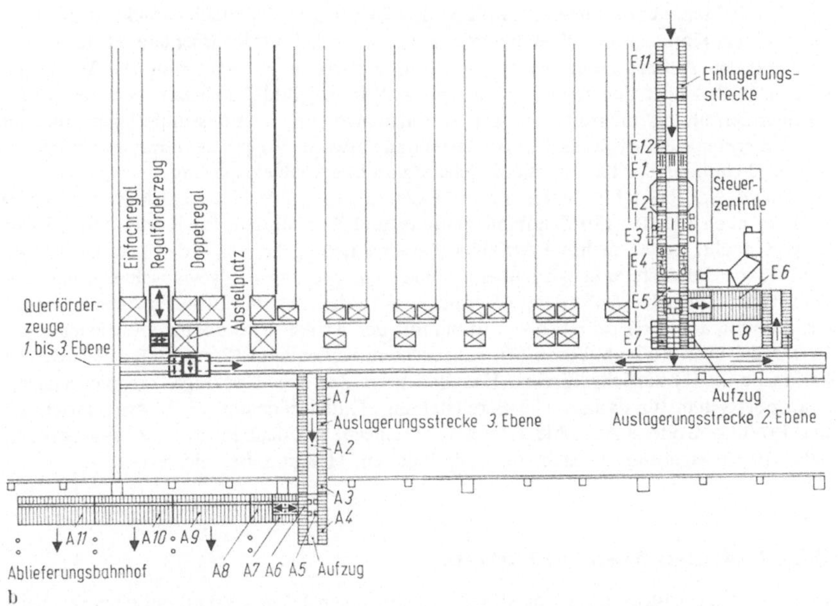

Bild 3.18 a u. b. Automatisiertes Hochraumlager. **a** Querschnitt, **b** Grundriß

Beispiel 3.3: Dynamische Bereitstellung

Im Abschnitt 3.2.4 wurden Kommissioniersysteme besprochen. Dabei unterscheidet man die statische und die dynamische Bereitstellung der Güter im Kommissionierbereich. Dynamische Bereitstellung bedeutet, das Lagergut kommt zum Kommissionierer. Welche Regalsysteme können für dieses Prinzip im automatischen Betrieb eingesetzt werden? Aus der Vielzahl der Möglichkeiten sollen drei Lösungen aufgezeigt werden.

Horizontales Umlaufregal (Bild 3.11). Die Regaleinheiten (bis zu 450 kg Tragfähigkeit) stehen auf ovalem Grundriß und sind gelenkig verbunden. Leichte Regaleinheiten sind in power-and-free-Bauweise überkopf aufgehängt und werden an einer Bodenschiene geführt. Im Normalbetrieb erfolgt an den Stirnseiten die Entnahme und Beschickung. Durch eine Vorwahl von bis zu 10 Positionen und durch nebeneinanderlegen mehrerer Umlaufregale (Bild 3.19a) lassen sich gute Kommissionierzeiten erzielen.

Fachbodenregal (bei RFZ-Bedienung für Kleinbehälter). Um Montageteile, Bauelemente, Halbzeug, Werkzeuge und andere Kleinteile in Behälter zu lagern und zur Kommissionierung dynamisch bereitzustellen, bietet sich das im Bild 3.2b und 3.19b dargestellte vollautomatische System dar. Die Behälter werden von lochkartengesteuerten RFZ ein- und ausgelagert und durch ein vorgeschaltetes Transportsystem zur Entnahme und Auffüllung an stirnseitig angeordneten Kommissionierplätzen gebracht. Dabei trennt eine Verkleidung den Arbeitsplatz des Kommissionierers von der Regalanlage. Er bedient im Sitzen die Steuer- und Meldeglieder am Bedienpult einschließlich Lochkartenleser mit. Die Auftragszusammenstellung geschieht zweistufig: serienorientierte parallele Kommissionierung. Denn nach Einlesen der Lochkarte wird der gewünschte Kleinbehälter mit den RFZ über eine Rollenbahn zum Kommissionierplatz gebracht, und nachdem die entsprechende Menge entnommen ist, wird der Behälter in sein Regalfach zurücktransportiert. Die in einem Kommissionierbehälter gesammelten Artikel werden über eine Förderstrecke zur zentralen Auftragszusammenstellung transportiert. Die Einlagerung der Waren geschieht ebenso über den Kommissionierplatz. Wie das Bild 3.19b zeigt, entsteht durch Aneinanderreihung mehrerer solcher Arbeitsplätze ein Kommissionierlager, das die Hauptmerkmale der dynamischen Bereitstellung aufweist: Wegzeitminimierung, Suchzeitfortfall, Erhöhung der Kommissionierleistung und Personaleinsparung.

Hochregallager (bei RFZ-Bedienung für Paletten). In einem Hochregallager sind außer Paletten noch Paletten mit Schubladenaufbau und Regelaufbau für Kästen (Bild 3.19c) untergebracht, so daß mehrere Artikel auf einer Palette gelagert werden können. Für die dynamische Bereitstellung wird über Lochkartensteuerung die gewünschte Palette mit dem RFZ (1) zum Kettenförderer (2) transportiert, der sie zum statischen Arbeitsplatz (3) des Kommissionierers bringt. Nach Entnahme der Artikel wird die Palette wieder in das Hochregal über Rollenhubtisch (4), angetriebene Rollenbahn (5) und über den Identifikationspunkt (6) zurückgefördert. Das Bild zeigt das dem Hochregallager vorgelagerte Transportsystem für dynamische Bereitstellung. Dabei bedeuten: 7 Zentriereinrichtung und Profilkontrolle, 8 Ausschleusstrecke für schlecht beladene Paletten, 9 Eingaberollenbahn, 10 Auslagerung für nachzufüllende Paletten, 11 Kommissionierbehälter.

Beispiel 3.4: Lager für schwere Blechpakete

Es sollen diverse Blechpakete, maximale Abmessungen 1,5 m × 3,0 m, mit einem Gewicht von 3 t 100 mm hoch auf kleinem Raum gelagert werden. Mit möglichst geringem Personalaufwand soll die Ein- und Auslagerung sowie der Transport zu den Ablagetischen vor der Schere erfolgen.

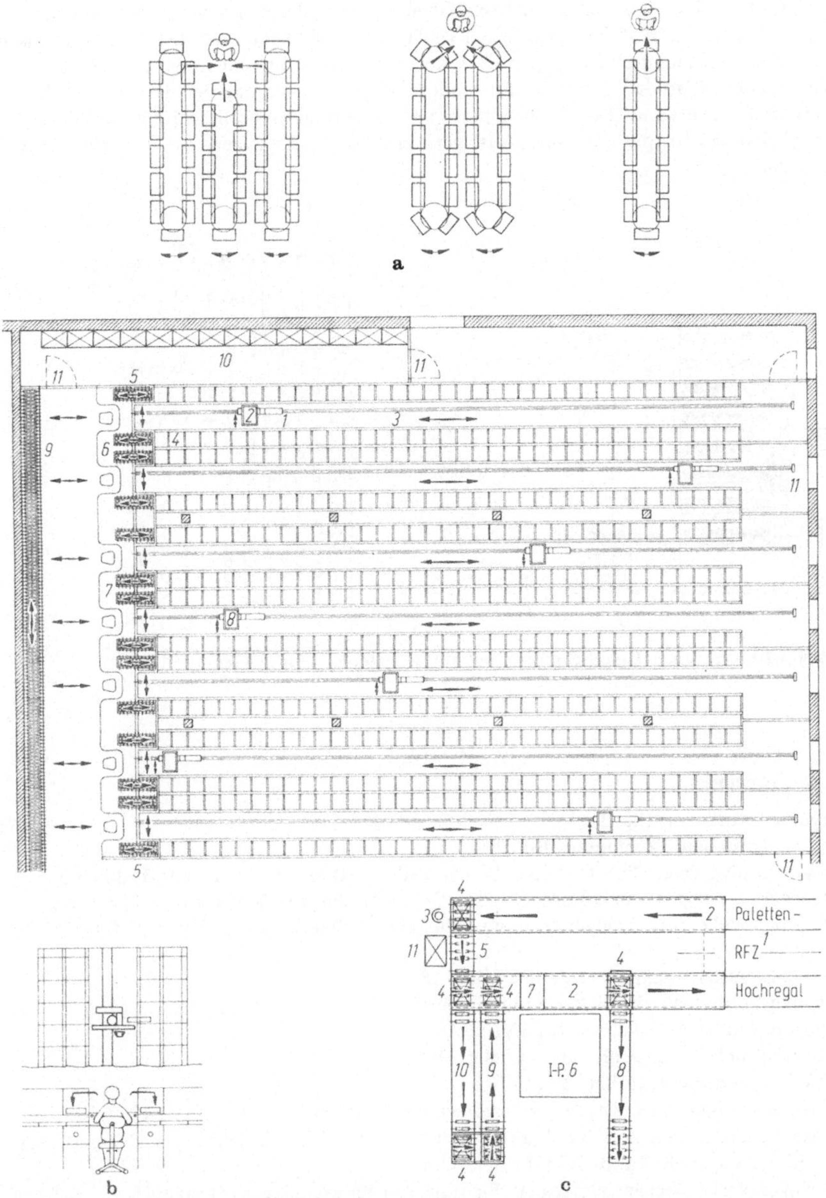

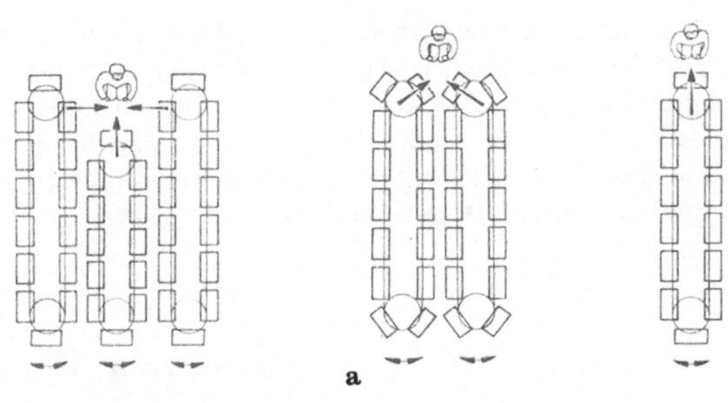

Bild 3.19a—c. Dynamische Bereitstellung. **a** mittels Umlaufregal, **b** mittels Fachbodenregal (abgeschirmter Kommissionierplatz, Grundriß des Gesamtlagersystems: Zahlen 1 bis 8 siehe Bild 3.2b, 9: Sammel- und Verteilförderer, 10: Schaltschränke, 11: Wartungstür), **c** mittels Hochregallager für Paletten (Zahlenangaben siehe Text)

Gelöst wurde diese Aufgabe durch ein Großfachregal, dessen Fachböden aus angetriebenen Rollenbahnen bestehen. Dem Blechregal ist ein auf Schienen verfahrbarer, hydraulisch betriebener Scherenhubtisch zugeordnet, der ebenfalls mit einer angetriebenen Rollenbahn ausgerüstet ist, so daß damit der Ein- und Auslagerungsvorgang der Blechpakete durchgeführt werden kann (Bild 3.20). Durch eine teilautomatische Steuerung, die Vorwahlmöglichkeiten für das Ein- und Auslagern enthält, wird ein geringer Personalaufwand erreicht.

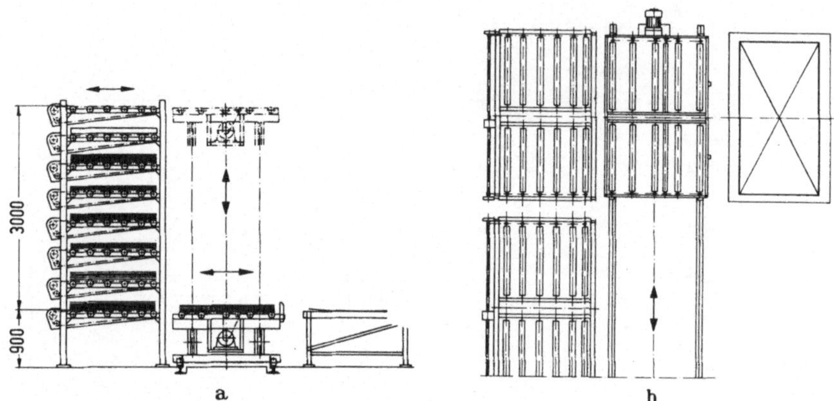

Bild 3.20. Großfach-Regal für Blechpakete. **a** Seitenansicht, **b** Grundriß

Quellennachweis

Agiplan, Mülheim: Bild 1.2
Alten Gerätebau, Wennigsen: Bild 3.12
Aspa Fördergeräte, Schleifenbaum, Schmallenberg: Bilder 1.11b, c; 1.16d; 2.2; 2.3
Babcock, Transport- und Lagersysteme, Schwieberdingen: Bilder 1.8; 3.2b; 3.19b
Beratungsstelle für Stahlverwendung, Düsseldorf (Merkblatt 256/1977): Bilder 3.3c; 3.5; 3.7; 3.9
Bosch-Siemens Hausgeräte, Berlin: Bild 3.18
Demag Fördertechnik, Wetter/Ruhr: Bilder 1.8; 1.15; 2.4; 2.7; 2.8; 3.12; 3.14; 3.15; 3.20
Dexion, Laubach: Bilder 1.17c; 3.9b; 3.10
Fördertechnik, Hamburg, Harry Lässig, Hamburg: Bild 2.5
Friedrich Remmert, Löhne: Bild 3.10b
Ritter Handling, Lagersysteme, Fördertechnik, Hamburg: Bilder 3.11; 3.19a
Fritz Schäfer, Fabriken für Lager-, Betriebs- und Büroeinrichtungen, Neunkirchen: Bilder 1.16c; 1.17a, b; 3.3a, b; 3.4; 3.6a, b
Springer-Verlag, Berlin (Dolezalek, Planung von Fabrikanlagen): Bild 1.6
Thyssen Aufzüge, Neuhausen: Bilder 3.8; 3.17
Thyssen Behälter- und Lagertechnik, Fröndenberg: Bilder 1.11a; 1.12; 1.13; 1.14; 1.16a, b, c
Von Roll, Förder- und Lagertechnik, Delémont/Schweiz: Bild 2.6

Literaturverzeichnis

Aggteleky, B.: Fabrikplanung. München: Hanser 1970

Bahke, E.: Materialflußsysteme, 3 Bde. Mainz: Krausskopf 1974/76

Baur, K.: Betriebsmittelzuordnung bei der Fabrikplanung. Mainz: Krausskopf 1972

Borries, v. R.: Kommissioniersysteme im Leistungsvergleich. München: Moderne Industrie 1975

Container Handbuch, 3 Bde. Hamburg: Deutscher Verkehrsverlag 969

DIN-Normen-Buch 44, Normen über Hebezeuge und Fördermittel. Berlin: Beuth 1973

Engel, K. H.: Handbuch der neuen Techniken des Industrial Engineering. München: Moderne Industrie 1972

Dolezalek C. M.: Planung von Fabrikanlagen. Berlin, Heidelberg, New York: Springer 1973

Frey, S. R.: Plant Layout. Planung, Optimierung und Einrichtung von Produktions-Lager- und Verwaltungsstätten. München: Hanser 1975

Gentzsch, G.: Hochregallager (Fachbibliographie). Düsseldorf: VDI-Verlag 1972

Gerhardus, M.: Rationalisierungsschwerpunkt Mengenmessung des Materialflusses. Berlin: Beuth 1973

Gudehus: Grundlagen der Kommissioniertechnik. Essen: Giradet 1973

Hausmann, G.: Automatisierte Läger. Mainz: Krausskopf 1972

Haller/Wedel: Multimomentverfahren. München: Hanser 1971

Heidelmann, G.: Materialfluß im Betrieb. Bd. 26: Materialflußüberwachung zur Rationalisierung. Düsseldorf: VDI-Verlag 1974

Jünemann, R.: Systemplanung für Stückgutläger. Mainz: Krausskopf 1971

Kämmerling, W.: Materialfluß im Betrieb, Bd. 24: Materialflußplanung in der Fertigung, VDI-Verlag Düsseldorf: Berlin 1975

Kastl, U.: Materialfluß im Betrieb. Bd. 23: Materialflußgerechte Industrieplanung, Düsseldorf: VDI-Verlag 1974

Koller, H.: Simulation und Planspieltechnik. Wiesbaden: Gabler 1969

Martin, H.: Förder- und Lagertechnik. Wiesbaden: Vieweg 1978

Meyercordt, W.: Palettenfibel. Mainz: Krausskopf 1972

Meyercordt, W.: Regalfibel. Mainz: Krausskopf 1971

Miebach, J. R.: Grundlagen einer systembezogenen Planung von Stückgutlägern am Beispiel des Kommissionierlagers. Diss. TU Berlin 1970

Müller, E.: Simultane Lager. Berlin: de Gruyter 1972

Muther: Systematische Materialfluß- und Transportanalyse, Zürich: Management Assistent 1971

Nestler, H.: Materialfluß im Betrieb. Bd. 25: Materialflußuntersuchungen in Fertigungs-Betrieben. Düsseldorf: VDI 1974

REFA-Verband für Arbeitsstudien: Methodenlehre des Arbeitsstudiums; Grundlagen, Datenermittlung, Kostenrechnung, Arbeitsgestaltung: München 1971
REFA-Verband für Arbeitsstudien: Methodenlehre der Planung und Steuerung, Grundlagen, Planung, Steuerung. München 1974
Ringes, G.: Produktionsstättenplanung. Braunschweig: Vieweg 1976
Rockstroh: Technische Betriebsprojektierung, 3 Bde. Berlin: VEB-Verlag Technik
Schaab, W.: Materialfluß im Betrieb. Bd. 2: Automatisierte Hochregalanlagen. Mainz: Krausskopf 1969
Schmalor: Industriebauplanung. Düsseldorf: Werner 1971
Todt, H.: Programm zur Simulation von Materialflußsystemen. Berlin: Beuth 1974
VDI-Handbuch. Materialfluß und Fördertechnik. Berlin: Beuth 1970
Weimar, H.: Hochregallager. Mainz: Krausskopf 1973
Wild, F.: Güterumschlag — Lagern und Verteilen. Hochraumlager, Flächenlager, Umschlaggebäude. München: Callwey 1970
Zangenmeister: Nutzwertanalyse in der Systemtechnik. München: Wittemann 1967
Zimmermann, W.: Planungs- und Entscheidungstechnik. Braunschweig: Vieweg 76

Sachverzeichnis

Fertigung und Betrieb

Bnad 1: H. H. Klein

Fräsen

Verfahren, Betriebsmittel, wirtschaftlicher Einsatz
1974. 108 Abbildungen. VIII, 96 Seiten
DM 22,–
ISBN 3-540-06032-4

Inhaltsübersicht: Fräsverfahren und ihre Anwendung. – Arbeitsbedingungen und Leistungsbedarf. – Ermitteln der Arbeitszeit. – Maßnahmen zum Verkürzen der Fräszeit. – Wahl und Pflege der Betriebsmittel.

Band 2: W. Langsdorff

Messsen von Gewinden

Grundsätzliches, Praxis des Gewindemessens, Messen wichtiger Spezialgewinde, Gewindemeßgeräte
1974. 133 Abbildungen. VIII, 96 Seiten
DM 28,–
ISBN 3-540-06111-8

Inhaltsübersicht:
Allgemeines über Gewinde. – Grundsätzliches über das Messen von Gewinden. – Messen der Gewindemeßgrößen in der Praxis. – Messen von wichtigen Spezialgewinden. – Gewindemeßgeräte mit automatisierbarer Meßwertausgabe.

Band 3: E. Kauczor

Metall unter dem Mikroskop

Einführung in die metallographische Gefügelehre
1974. 125 Abbildungen. VIII, 76 Seiten
DM 16,–
ISBN 3-540-06362-5

Inhaltsübersicht: Reine Metalle. – Legierungen. – Metallographische Arbeitsverfahren.

Band 4: Riebensahm/Schmidt

Prüfung metallischer Werkstoffe

Neu bearbeitet von P. Schmidt
1974. 155 Abbildungen. VIII, 105 Seiten
DM 22,–
ISBN 3-540-06380-3

Inhaltsübersicht:
Prüfung der mechanischen Festigkeitseigenschaften. – Gefügeuntersuchung. – Zerstörungsfreie Werkstoffprüfung.

Band 5: Pristl/Franke

Arbeitsvorbereitung I

Betriebswirtschaftliche Vorüberlegungen, werkstoff- und fertigungstechnische Planungen
Neu bearbeitet von W. Franke
1975. 86 Abbildungen. VIII, 97 Seiten
DM 22,–
ISBN 3-540-06611-X

Inhaltsübersicht:
Betriebliche Wirtschaftsplanung: Wirtschaftsplanung. Absatzplanung. Produktionsprogramm-Planung. Investitionsplanung. Finanzplanung. – *Produktionsplanung:* Arbeitsparende Gestaltung der Erzeugnisse. Wirtschaftlicher Stoffeinsatz. Fertigungs- und Verfahrenstechnik. Fertigungsarten. Technisches Prüfwesen. Materialfluß und Förderwesen.

Band 6: Pristl/Franke

Arbeitsvorbereitung II

Der Mensch, Leistung und Lohn, technische und betriebswirtschaftliche Organisation
Neu bearbeitet von W. Franke
1975. 51 Abbildungen. VIII, 107 Seiten
DM 22,–
ISBN 3-540-06612-8

Inhaltsübersicht:
Auswahl und Betreuung des arbeitenden Menschen: Organisation der menschlichen Arbeit. Maßnahmen zur unmittelbaren Steigerung der menschlichen Leistungsfähigkeit. – *Arbeitszeit, Lohn und Gehalt:* Lohnformen. Ermittlung der Arbeitsbestform und der Arbeitszeit. Bewertung der Arbeit. – *Fertigungssteuerung:* Auftrags-

wesen. Arbeitsablauforganisation. Materialdisposition. Terminwesen. – Betriebswirtschaftliches Rechnungswesen.

Band 7: H. H. Klein

Bohren und Aufbohren

Verfahren, Betriebsmittel, Wirtschaftlichkeit, Arbeitszeitermittlung
1975. 163 Abbildungen. VIII, 133 Seiten
DM 28,–
ISBN 3-540-06784-1

Inhaltsübersicht:
Bohrverfahren und Betriebsmittel: Bohrverfahren. Bohrwerkzeuge. Schneidstoffe für Bohrwerkzeuge. Bohrmaschinen. Werkzeugspanner. Instandhaltungsmaschinen und -einrichtungen. – *Wirtschaftliches Bohren:* Bohrbarkeit der Werkstoffe. Werkzeug-Standzeit. Richtwerte für die Wahl der Arbeitsbedingungen. Schnittkräfte und Leistungsbedarf. Maßnahmen für erhöhte Wirtschaftlichkeit. – *Arbeitszeitermittlung nach REFA:* Aufteilung der Arbeitszeit. Aufteilung der Betriebsmittel-Belegungszeit. Bestimmen der Vorgabezeit. Festsetzen des Leistungslohns aufgrund der Vorgabezeit.

Band 8: H. Mauri

Vorrichtungen I

Einteilung, Aufgaben und Elemente der Vorrichtungen
1976. 423 Abbildungen, 7 Tabellen.
IX, 134 Seiten
DM 20,–
ISBN 3-540-07367-1

Inhaltsübersicht:
Bedeutung, Zweck und Ziel des Vorrichtungsbaues: Der Begriff Vorrichtung. Aufgaben und grundsätzliche Ziele. Austauschfähigkeit als Mittel zur Rationalisierung. – *Einteilung der Vorrichtungen:* Haupteinteilung, Unterteilung der reinen Spannvorrichtungen. Unterteilung der Bohrspannvorrichtungen. – *Aufgaben und Elemente der Vorrichtungen:* Spannen. Lagebestimmen. Unterstützen. Anschlagen. Spannkraft verteilen und umlenken. Verschließen. Auswerfen. Teilen und Feststellen. Einstellen der Werkzeuge und Messen. Führen der Bohrwerkzeuge. Maßnahmen und Einrichtungen zum Reinigen und Schutz vor Spänen. Verbindung von Vorrichtung und Werkzeugmaschine.

Band 9: H. Mauri

Vorrichtungen II

Typische allgemein verwendbare Vorrichtungen, konstruktive Grundsätze, Beispiele, Fehler
1979. 251 Abbildungen. Etwa 120 Seiten
ISBN 3-540-09366-4

Band 10: F. Kauczor

Metallographie in der Schadenuntersuchung

Klärung der Ursache von Bauteilschäden Maßnahmen zu deren Vermeidung
1979. 141 Abbildungen. Etwa 110 Seiten
ISBN 3-540-09362-1

Band 11: V. Boetz

Flexible Sonder-Werkzeugmaschinen für spanende Fertigung

Bau- und Arbeitseinheiten, Planung, Wirtschaftlichkeit, ausgeführte Bauformen
1979. 69 Abbildungen, 8 Tabellen.
Etwa 100 Seiten
ISBN 3-540-09367-2

Preisänderungen vorbehalten

Springer-Verlag
Berlin
Heidelberg
New York